トコトンやさしい

圧延の本

曽谷保博 監修
JFEスチール
圧延技術研究会 編著

金属製品の高強度化や高機能化を縁の下で支える加工技術が「圧延」です。回転する2本のロールの間を通して薄くするという単純な方法ですが、高精度かつ高能率で所望の形に成形しながら、同時に材質や製品の品質を高める機能も併せ持つ金属加工の王様です。

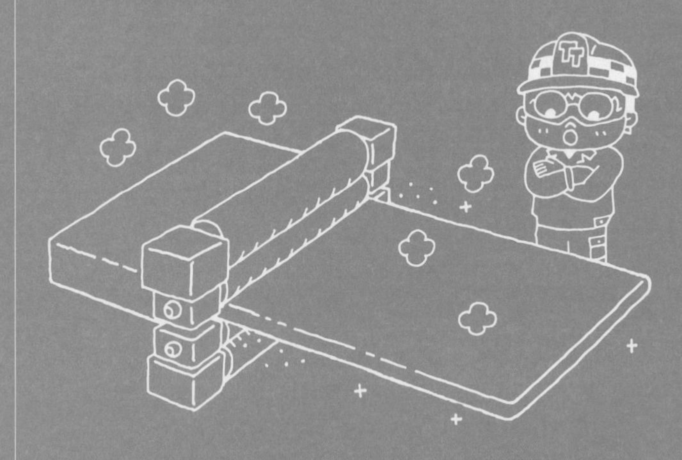

B&Tブックス
日刊工業新聞社

はじめに

圧延は回転するロールの間で、金属などの材料を薄く延ばす塑性加工法のひとつです。英語ではRollingと言います。くるくる回転するという意味です。押出し、引抜きなどの塑性加工法では、工具が固定されて動きません。鍛造では、工具である金型は材料を押しつぶす方向に直線的に動きますが、圧延は工具であるロールがくるくる回り続けるユニークな塑性加工法です。

レオナルド・ダ・ヴィンチと聞くと、みなさんは何を思い浮かべますか？　モナリザの微笑で有名な15世紀末の天才画家です。実はレオナルド・ダ・ヴィンチと圧延は深い関係があります。人類で最初に圧延機のスケッチ（設計図面）を残したのがレオナルド・ダ・ヴィンチなのです。彼のスケッチには、手回し圧延機で教会のステンドガラスに使われる鉛縁や錫(すず)板を延ばしている様子が活き活きと描かれています。

この時代、圧延は主として銀貨や銅貨などの軟らかい素材を、薄く加工するのに活躍していました。また、博物館でよく目にすると思いますが、王侯貴族が身に着けていたネックレスやティアラの金銀など貴金属装飾品を、薄く加工するのにも使われていました。一般人の生活に近いところでは、鉛を薄く板状に圧延し、円管やコの字に曲げて水道管や樋にして使っていたそうです。当時の動力は手回しでしたので、圧延できる金属の種類や生産量に限りがありましたが、17世紀に入ると人力に代わり、動力として水車が活用されるようになりました。

現在、圧延機のことをミルと呼ぶのもその名残です。
18世紀後半の産業革命は、圧延にとって大きな変革をもたらしました。ワットの蒸気機関を動力にして、強大な馬力での圧延を可能としたことです。鉄鋼の精錬技術の進歩とも相まって、種々の鉄鋼製品が大量に生産されるようになりました。
例えば、レールの敷設によって物資や人の大量輸送が可能になりました。また戦地の兵士の食料として缶詰が必要になり、19世紀には缶素材のブリキ板（錫めっき鋼板）の生産が爆発的に増えました。このように、圧延技術の進歩はヨーロッパ列強の富国強兵に一役買いました。その後、近代に入り動力に電気が使われるようになり、ロールを電気モーターで回す現在の圧延技術の原型ができ上がったのです。
「鉄は熱いうちに打て」と言われますが、熱間圧延機では、重さ20t以上の鋼塊の厚みが、200～300㎜から一気に数㎜まで薄くなります。室温で加工する冷間圧延機では、厚み0・2㎜以下、幅2ｍの薄板が時速170㎞で圧延されながらコイル状に巻き取られます。薄板だけではなく、厚板、形鋼、棒線、鋼管などさまざまな形の製品が圧延でつくり分けられます。今日、圧延は金属製品の加工法の王者として君臨しています。
圧延製品は自動車、船舶、橋梁、ビル、レール、パイプなど社会を支えるさまざまな用途に使われます。家電製品、流し台、屋根や壁、飲料缶や食缶など、私たちが身近に目にし、手に触れるものにも圧延製品はあふれています。
そして、圧延で厚みをどんどん薄くしていった極みが箔です。箔というと日本の伝統工芸品の金箔を思い浮かべますが、みなさんが料理で使うアルミ箔も立派な圧延製品です。電子部品にも銅箔などがたくさん使われています。このように、圧延製品は快適で安全・安心な社会の実現を足元から支えています。
本書では、くるくる回転するロールを用いるユニークな圧延の原理について、みなさんと一緒に科学します。圧延がいかに効率的な加工原理を持っているかを理解してください。同時に圧延が抱える課題と、それを先人たちがどうやって克服してきたか、また現在において最先端の圧延技術のエッセンスを紹介します。圧延は機械、金属、電気、化学などの総合技術から成り立っていることを理解していただけるでしょう。

本書は製鉄会社に勤務する、現役の第一線で活躍する圧延技術者からなる、圧延技術愛好会によって執筆されました。最終章では、未来に向かって圧延技術がどう変容しようとしているか、私たちの夢を語りたいと思います。

本書の企画と編集に尽力された日刊工業新聞社の矢島氏には、心から感謝申し上げます。

2015年11月

監修　曽谷保博

目次 CONTENTS

第1章 圧延でつくる身近な製品

第2章 圧延の基本

第3章 圧延を行うための設備

第4章 圧延で用いられるテクノロジー

第5章 製品の性能をつくり込む技術

第6章 黎明期の圧延

第7章 圧延プロセスの革新

【コラム】

第1章

圧延でつくる身近な製品

1 圧延とは

最も効率の良い金属加工方法

私たちの暮らしが進歩を続け、さまざまなモノが生み出されることで、その原料となる金属の使用量は今後も増える見込みです。こうした金属を製品として加工する際に、最も効率的な方法が圧延と言われている技術です。

圧延とは、金属に高い圧力を加えて延ばすことを言い、英語ではRollingと訳します。2本のロール（Roll）を回転させ、その隙間に材料を通して薄く伸ばしていきます。でき上がる製品は板や箔などの平面形状のものをはじめ、棒や線、管など断面が円形状のもの、H形鋼やレールなど特殊な形状のものがあります。

最大の特徴は、加工の効率が極めて高いことです。金属を加工する領域は、ロールが回転する方向の長さ数mmから数十mmと狭く、同じ力を与える場合、鍛造（プレス）などと比べて機械にかける荷重やエネルギー（電力）が非常に小さくて済みます。言い換えれば、大きな力を加えるとより薄く伸ばせます。

また、材料を続けて供給することができれば、長いものをつくることが可能です。したがって、圧延製品はとても長いのが特徴です。例えば、飲料缶の素材となるブリキ製品では、15km以上もの鋼板をコイル状に巻いて出荷しています。ワイヤーなどの線材は、長さが10km以上にもなります。

圧延では、モーターの回転数を高くすればするほど生産能率が上がり、大量生産に適しています。この点は、加工と材料の搬送を間欠的に行う鍛造などのプロセスと大きく異なるところです。薄鋼板の熱間圧延工場には、年間500万tもの製造能力を持つものがあります。1つの工場で、日本で販売される乗用車の全重量（鉄だけではない）に相当する量を生産するほどです。これほど効率が良く、大量生産できる加工プロセスは他になく、今後100年経っても金属加工の主流は圧延であり続けるでしょう。

要点BOX

- 圧延は加工領域が狭いため高効率
- 加工と搬送を同時に、しかも連続的に行えるため大量生産に適している

圧延と鍛造の工具の動きの違い

圧延

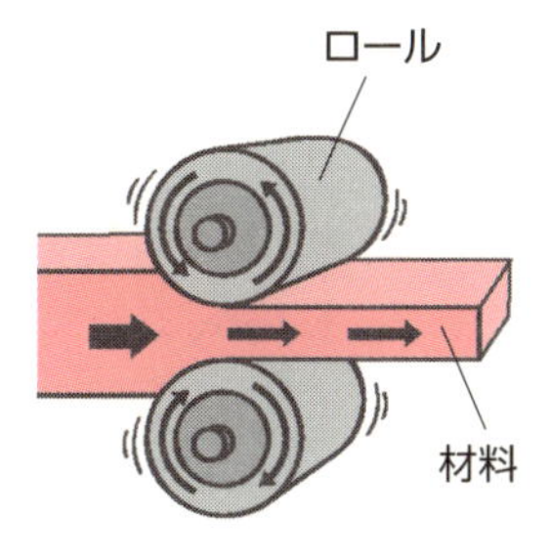

鍛造（プレス）

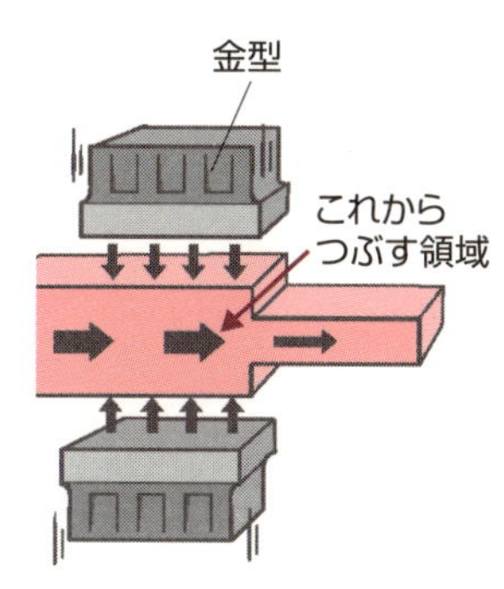

金型が上下に往復するから
間欠的な加工になる

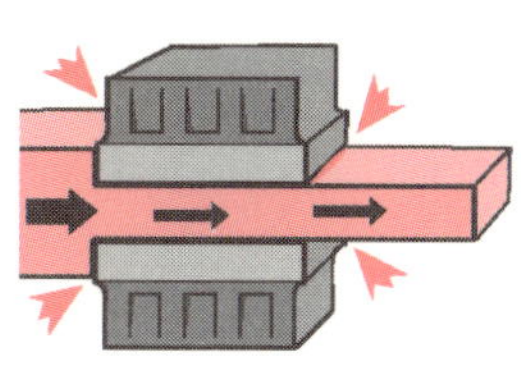

圧延と鍛造の加工領域の違い

圧延

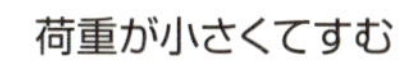

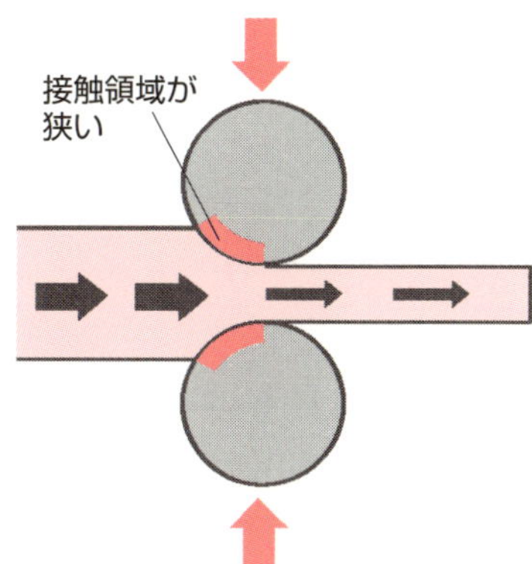

鍛造（プレス）

荷重が大きい

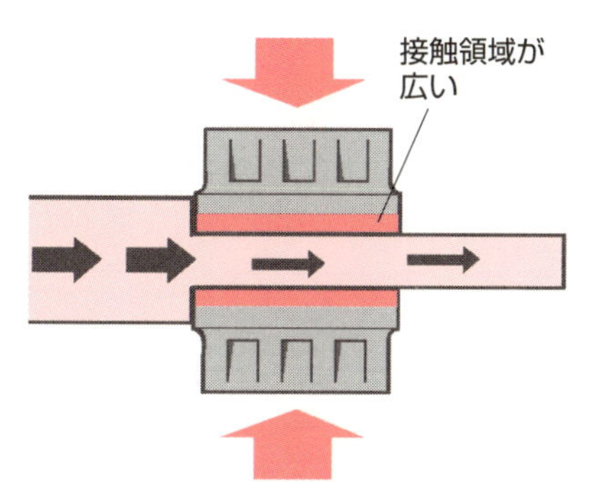

用語解説

金属加工：金属は、加工して形ができて初めて製品になる。その方法（プロセス）としては、圧延のほか鍛造（プレス）や押し出し、引き抜きなどがある

鍛造と圧延：鍛造（Forging）は金型などにより金属に圧力を加え、金属組織の鍛錬を行いながら所望の形状を得る金属加工法。圧延（Rolling）は鍛造のように間欠的な加工ではなく、自転するロールによる連続的な圧縮加工

2 鉄鋼製品の特徴と生産量

地球にたくさんあって用途が広い鉄

鉄（Fe）という元素は、地球の重さの約35％を占めています。このうち地殻（地球の表面）部分では5％弱を占めていて、鉄は酸素、ケイ素、アルミニウムに次いで多い元素です。

鉄は硬くて強度が高く、古くから農耕具や刀などの武器に使われてきました。18世紀頃からは、船や鉄道などの交通手段にも使われるようになり、産業の飛躍的な発達に大きく貢献しています。現在、鉄鋼製品の用途は道路や橋などのインフラ、自動車・鉄道車両や船舶などの交通手段、家電、飲料缶など多岐にわたっています。

鉄は、マンガンやニッケルなど、他の金属元素をいくらか添加することによって、さまざまな特徴を持たせることができます。クロムとニッケルを加えるとステンレス鋼になり、ニオブやチタンを少量加えることで高張力鋼板（High Tensile Strength Steel）を製造することも可能です。

そして忘れてはいけないのが、鉄鋼製品は安価で大量に、しかも安定的に購入できる点です。鉄鋼製品の原料に当たる鉄鉱石や石炭は、海外の多くの鉱山で採掘され、巨大な船で運ばれてきます。製銑、製鋼、圧延加工など多くのプロセスを経て製品ができ上がりますが、それらが実に効率的に（無駄なく）、しかも高能率で（大量に）つくられる技術があるからこそ、多くの需要に応えていけるのです。

鉄鋼の生産量は、新興国の経済発展にともなって伸び続けています。特に近年は中国をはじめとするアジアや南米などで、新しい製鉄所がどんどん建設されました。世界の年間粗鋼生産量が10億tを超えたのは2004年でした。それが、2013年には16億tにも上りました。この間、中国の生産量は約2.8倍に増え、現在では世界生産量の約半分を占めるほどです。2位は日本で、その生産量はほぼ横ばいで、1億t程度あります。

要点BOX
- ●鉄鋼製品は強度が高く、加工性が良い
- ●安く大量かつ安定的に供給されている

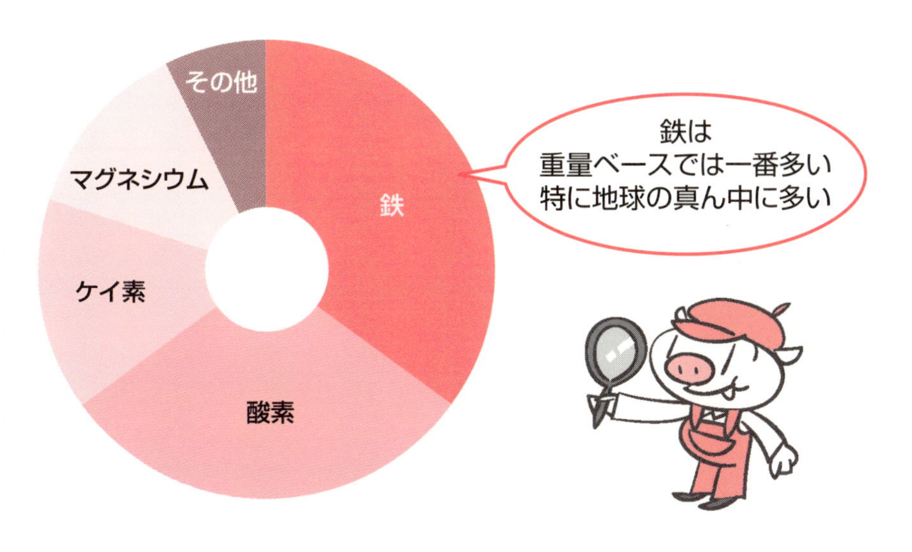

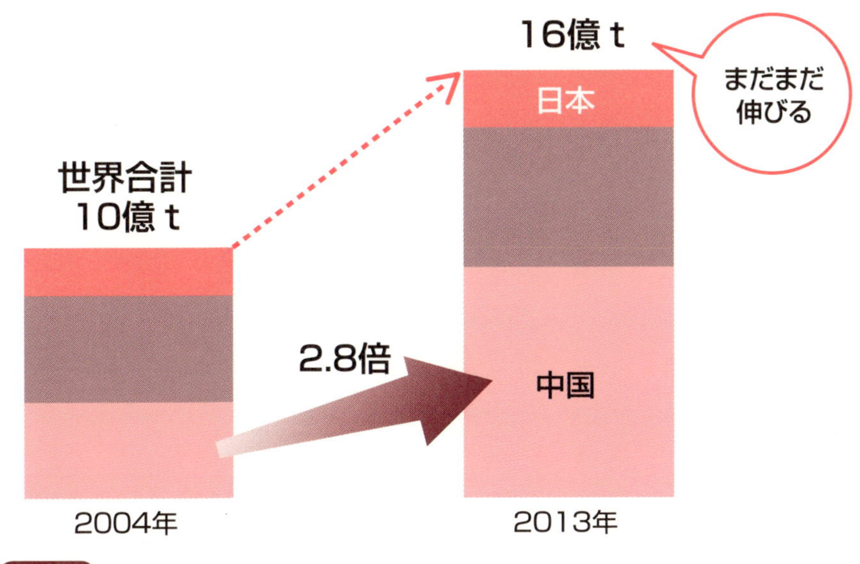

用語解説

粗鋼生産：鉄鋼は鋳造、熱間圧延、酸洗、冷間圧延、めっきなどの工程を経るたびに量が目減りしていく。鉄鋼の生産量は、製鋼プロセスで固めた状態の粗鋼の生産量を指標としているのが一般的

鉄鉱石と石炭：製鋼プロセスで固める前の溶けた鉄（銑鉄）を1t生産するのに、概ね鉄鉱石は1.6t、石炭は0.8t必要とされる

3 巨大な製鉄所

地図にも載るほどの広さ

鉄鉱石とコークスを原料に鉄を溶かすための高炉を持つ銑鋼一貫製鉄所は、日本国内に14カ所設けられています。これらはすべて海に面している臨海製鉄所です。中でも、最も広いのはJFEスチールの西日本製鉄所（岡山県倉敷市と広島県福山市の2カ所をまとめた）で、2510万㎡（東京ドーム約540個分）の敷地面積を有しています。

原料となる鉄鉱石や石炭は、ブラジルやオーストラリア、カナダなどの外国から船で運んでくるため、製鉄所には必ず大きな港と広い原料ヤードが必要です。原料ヤードのコンベアの長さを全部足すと、数百㎞になります。

製鉄所には大きく分けて、①鉄を溶かすための設備、②溶鋼の成分を調整して固めるための設備、③固まった鉄を棒や板などの形につくり込むための設備、の3つがあります。年間の生産量は、多い製鉄所で1000万tを超える規模です。毎日4・8万tの鉄鉱石と2・4万tの石炭を港で陸揚げし、3万tの製品を船やトラックなどで出荷している計算になります。

鋼板を製造する圧延工場には、長さが1㎞近くに及ぶものもあります。各工場でできたものは、いったん製品ヤードという置き場に集めてから、次の工場や顧客に配送されます。各工場では、生産設備を設置するためのスペースはもちろん、スラブヤードやコイルヤードなどのスペースも確保しなくてはなりません。

製鉄所には、インフラ設備も数多く設置されています。高炉やコークス炉でできた可燃ガスを貯めるためのガスホルダーや、圧延機を動かすための電気をつくり出す発電所、鋼材の冷却などで使う水を処理する設備などです。ガスや水などを送るパイプラインや溶けた鉄が入っている巨大な鍋、スラブなどを輸送するための専用鉄道もあって、製鉄所自体があたかも1つの町のようになっています。

要点BOX

- 製鉄所では大量の鉄鋼製品を生産するため、海に面した巨大な土地が必要
- 発電所や鉄道も自前で持っている

日本の鉄鋼一貫製鉄所

広大な敷地を持つ製鉄所

用語解説

鉄鋼一貫製鉄所：鉄鉱石から最終製品までの一連の製造工程を同じ敷地内に持つ工場のこと

4 水より安い？鉄鋼製品の価格

コスト削減が価格競争力を実現する

日常生活のさまざまな場面で使われ、社会に貢献している鉄鋼製品。その価格が高くては、これほど広く使われることはあり得ません。

鉄鋼製品は、通常1t当たりの価格で取引されます。最も安い汎用品では3万円程度になることもあります。これは1kg当たりに換算すると、なんとたったの30円！　2L（2kg）入りペットボトルのミネラルウォーターが100円程度で売られていることを考えると、その安さがわかるでしょう。

鉄鋼製品の価格競争力は、原料の調達や輸送、製造、販売などのコストを抑えて初めて得ることができます。このうち、製造コストの削減には高い技術力が必要とされます。例えば、設備の新規導入や改善によって生産性を向上させたり、設備の自動化によって人件費を削減したり、安定操業を継続することによって歩留り（不良部分を除いて製品となる比率）を向上させたりすることが有効です。また、設備のメンテナンスが良いと、故障などのトラブルが起きにくくなるため、長い設備稼働時間と高い生産性を確保できます。

日本の鉄鋼会社がつくる製品は、低価格の汎用品ばかりではありません。自動車用鋼板やステンレス鋼板、電磁鋼板などは特殊な用途に使われる高級品の分野に属していて、その製造では技術力の高い日本が強みを持っています。例えば、変圧器やモーターの鉄心などに使われる電磁鋼板は、製造プロセスが複雑でコストがかかるため、価格も高くなってしまいます。それでも、電磁鋼板を使うことで莫大な省エネ効果が得られるメリットがあり、顧客ニーズに合わせて必要な特性を持つ鋼材を製造しています。

高級品であっても、ニッケルやモリブデンなどのレアメタル（コストの高い強化元素）をなるべく使わない、熱処理などのプロセスを簡単にする、などというコスト削減を目的とした研究開発も行われています。

要点BOX

- 生産性や歩留りの向上などによってコストを削減でき、低価格での供給が可能となる
- 汎用品でも高級品でもコスト削減は必要

鉄は水より安い

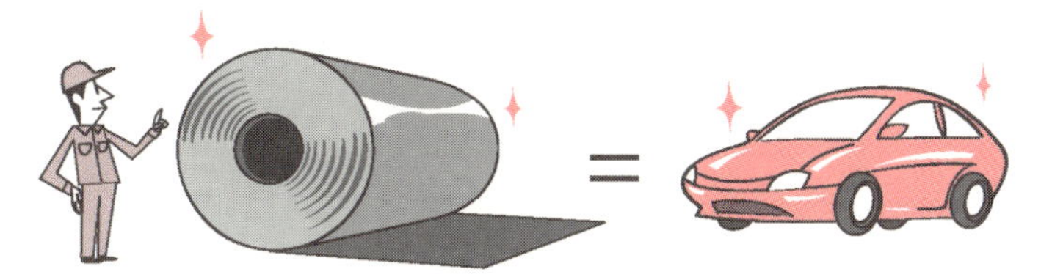

1つのコイルの重さは約20t。重量では自動車20台分!

一番安い鋼板は1kg当たり30円ということもある。ペットボトルの水よりずっと安い

高級品の製造は日本に強み

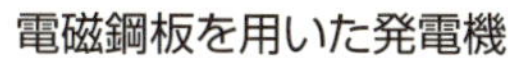

電磁鋼板を用いた発電機

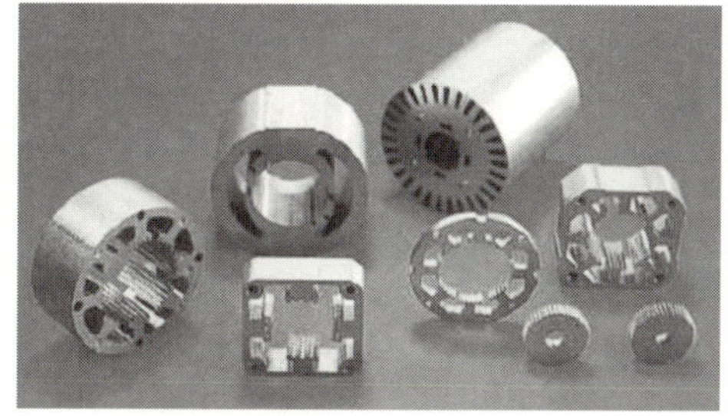

電磁鋼板を用いたモーター鉄心

加工性の良い鋼板から製造した自動車部品

用語解説

圧延設備の生産性：生産性はひと月当たり、1時間当たりの生産量（単位：t）で管理される。熱間圧延設備では月当たり最大約40万t、ざっと20tのコイルを2分ごとに生産している計算

高級品の製造：高級品も低価格品と同じ製造設備で生産されるが、さまざまな圧延条件の管理を厳しくすることで低価格品にはない機能を発現させることができる

5 薄板製品のバリエーション

軟らかい鉄と硬い鉄

鋼板は、板厚によって薄板と厚板に分類されます。一般に板厚が3㎜未満を薄板（sheet）、3㎜以上を厚板（plate）と呼びます。薄板の代表的な用途は自動車用で、多種多様な薄板が使われています。近年、よく知られているのは「ハイテン」と呼ばれる高張力鋼板です。従来よりも強度が高く薄い鋼板を用いることで、車体の軽量化による燃費向上と衝突安全性の向上に役立っています。

ハイテンは国内外のメーカーで技術開発が進み、自動車のハイテン使用比率の増大はここ数年で目覚しいものがあります。鋼の合金成分の調整や、圧延や熱処理条件を厳密に制御することで、鉄鋼製品の強度をより大きくして、硬くて強い鉄の最先端の開発競争が繰り広げられているのです。

一方で、自動車のボディーに用いられる鋼板は、デザイナーの要求に応じて多様で複雑、個性的な形状に加工されます。ボディーの形状は人の感性に訴えて購買意欲を誘うため、思い通りの形状に鋼板を成形できることが望まれます。このような複雑な形状に加工するためには、鉄は硬くて強いだけではなく、成形しやすい程度に「軟らかい」性質を備えている必要があります。

飲料缶に用いられるスチール缶も薄板の代表例です。自動車用の薄板と同様に、飲料の製造・輸送コストを低減するために、板厚は時代が進むにつれて薄くなっています。しかし、輸送中に缶がつぶれてしまっては元も子もありません。したがって、薄くてもつぶれない強度の高い鋼板が使われるようになっています。面白いのは、このような高強度の鋼板であっても、足で踏みつぶせば比較的容易に空き缶をつぶすことができる点です。30年ほど前の空き缶は頑丈で、踏みつぶすのは簡単ではありませんでした。硬いけれども軟らかい鉄、それは薄鋼板の進歩を身近に感じられる事例です。

要点BOX

- ●近年はハイテンと呼ばれる高張力鋼板の使用が伸びている
- ●一方で軟らかい鉄も身近な製品として広く応用

自動車へのハイテン適用動向

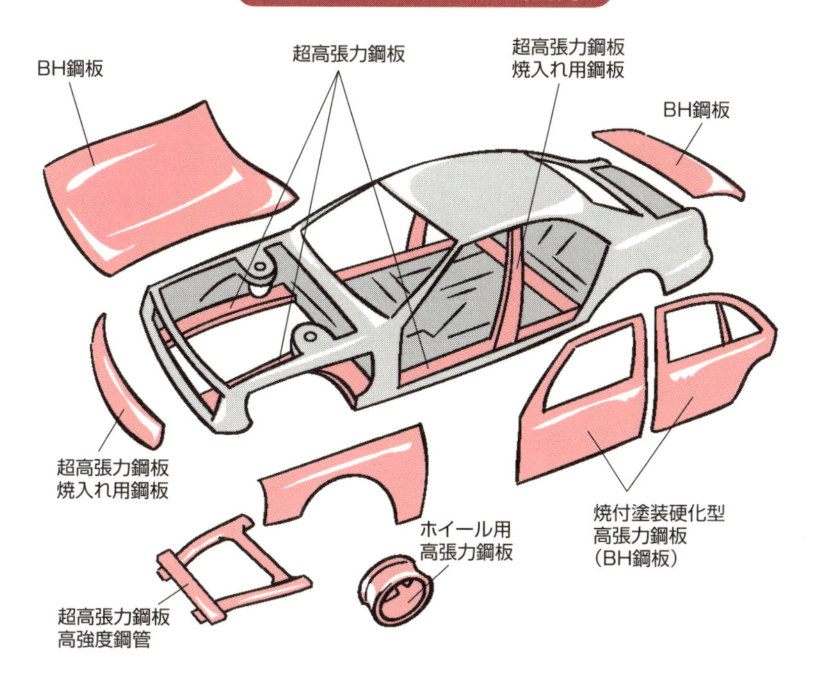

スチール缶の軽量化

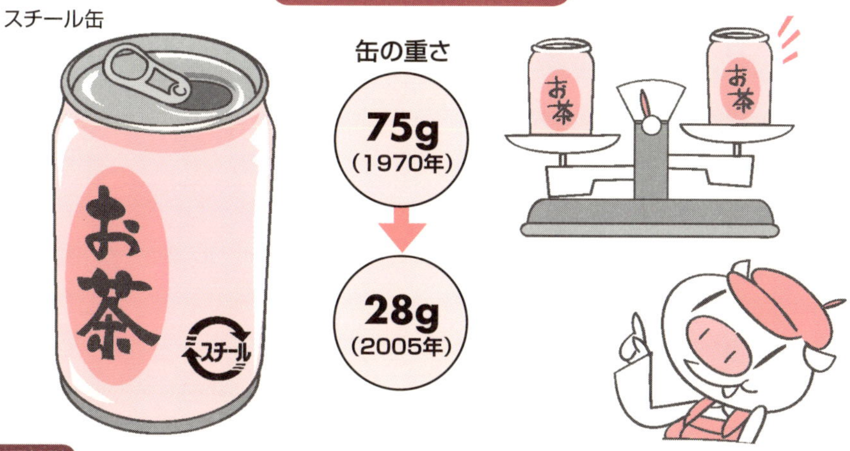

用語解説

ハイテン：高張力鋼板（High Tensile Strength Steel）の略称。引張強さが高い鋼板で、一般には強さ340MPa以上のものをいう。最近では引張強さ980MPa以上の「超高張力鋼板」も広く使われる

スチール缶：アルミ缶と並ぶ代表的な飲料缶。1950年代後半から炭酸飲料に用いられ、その後缶コーヒーにも用いられる。缶内の圧力により、陽圧缶と陰圧缶に分類される。また、構造により3ピース缶と2ピース缶がある

6 薄板よりも薄い箔

どこまでも薄く、装飾品や機能材料として使われる

金属箔は古くから美術・工芸品として使用され、高松塚古墳の壁画や金閣寺でも金箔が使われてきました。箔は、「箔がつく」という慣用句にもあるように、値打ちが高くなるという意味でも知られていて、金属として最も付加価値の高い製品のひとつです。江戸時代に、高価な金箔は幕府の統制品として製造が制限されたため、錫(すず)箔が製造されるようになりました。エジソンが発明した蓄音機には銅製の筒に錫箔が巻きつけられ、回転しながら錫箔の表面に音に対応した深さの溝を形成したようです。

その後はアルミニウムの工業化に伴い、アルミ箔が普及しました。家庭用のアルミ箔は約12μm程度と極めて薄く、素手でちぎれる厚さです。

箔は、エレクトロニクスを中心とした電子部品にも広く使用されています。例えば銅箔は、電子回路基板の配線用に使われ、携帯電話やデジカメなどの内部に含まれています。また、アルミ箔は包装用だけでなく、リチウムイオン電池の電極材料として使われており、モバイル機器などには欠かせない存在です。さらに、優れた耐酸化性を備えたステンレス箔は、自動車などの排ガスを浄化するメタル担体として使われており、電子機器のばね材料にも用いられています。

このように工業製品としては私たちの目に触れにくいところで活躍する金属箔ですが、過去には切手として鉄の箔が使われた国がありました。それは、1960年代後期のブータンです。

当時、USスチールが最先端の圧延技術により、厚さ25μmの鉄の箔を製造していましたが、残念ながら実用的な用途が見つかりませんでした。そこに声をかけたのがブータンで、錫めっきを施した鉄箔にプリント模様をつけ、シリーズ切手として発売したと言われています。幸せの国として知られるブータンでは、生活の中で金属箔の存在を身近に感じられたのかもしれません。

要点BOX

- ●金属箔としてはアルミ箔や金箔などが知られている
- ●工業製品としても用途は広い

金箔（工芸品など）

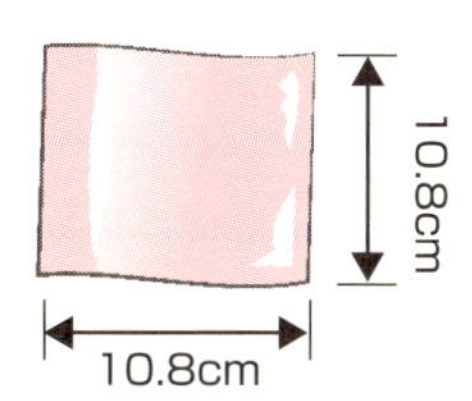

金箔20万枚を使用
（重量20kg）
1987年に張り替え完了

リチウムイオン電池

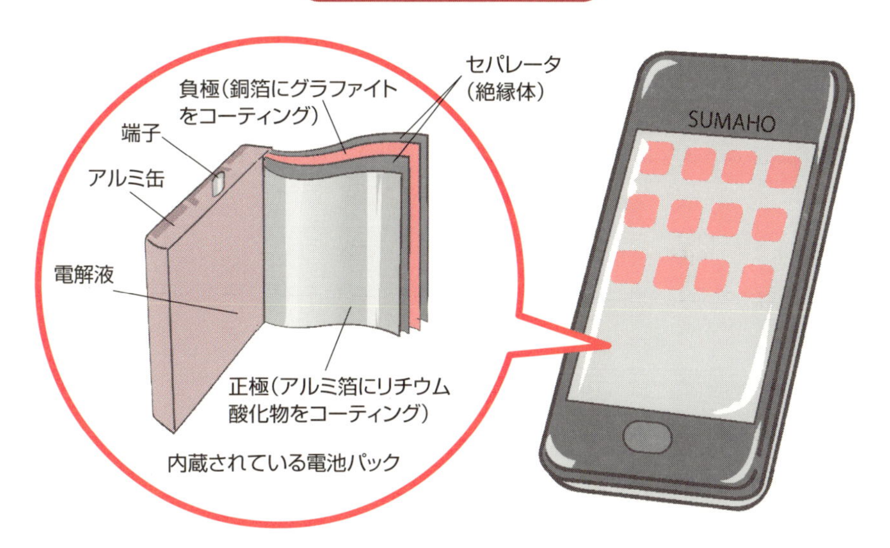

出所：（株）UACJ箔　ホームページ（http://ufo.uacj-group.com/products/battery/）

用語解説

アルミ箔：JIS規格では厚み6～200μmのものを指す。家庭用のアルミ箔は約12μm程度、バターやたばこの包装では最小6μm程度のものが使われる。錠剤の包装では15μm以上、鍋焼きうどんやグラタンの容器では50～100μm程度の厚みのものが使われる

リチウムイオン電池：2次電池の一種で、正極にリチウム酸化物、負極に炭素化合物を用いる。他の電池に比べて約3倍の動作電圧を有するため、モバイル機器の電源として普及している

7 厚板製品のバリエーション

大きなモノの製作には欠かせない

身近なビルや橋、船には、厚板と呼ばれる鋼板が使われています。また、産業機械や石油などの貯蔵タンク、パイプラインや石油掘削用の海洋構造物も、厚板がなければつくることができません。

厚板は板厚が3㎜以上のものを指しますが、通常の鋼板としては薄いもので5㎜程度、厚いものは100㎜を超える鉄の塊のような製品まで含みます。また、薄板と比べて板幅が広いのが特徴で、幅5mを超える製品もつくられています。

このような幅の広い板をつくるための圧延機も、ロールの幅が広くなければならないため厚板圧延機は非常に大型になります。さらには、1万tの圧延反力（板をつぶす力）に耐え得る強さも兼ね備えています。東京タワーの重量が4000tなので、その2・5倍もの重さが加えられることになります。

最近、構造物を軽くするために、より薄くて強い厚板のニーズが高くなっています。また、ビルや船には大きな力がかかっても簡単に壊れないように、厚板には靭性（じんせい）と呼ばれる粘り強さが必要です。ところが、金属には、強度が高いほど靭性が低くなりやすいという問題があります。第5章で詳述しますが、強度も靭性も高い厚板をつくるため、圧延中の温度を高精度に制御するさまざまな技術が使われるのです。

さらに、建設機械やトラックの荷台など、硬いものが絶えずぶつかる部分の用途として、摩耗しにくい非常に硬度の高い厚板がつくられています。

ところで、厚板には長さ方向に板厚が変化する変わった製品があります。構造物の形によっては、板の片側が薄く反対側が厚い方が、全体の重量を軽くできるものがあります。そこで、圧延中にロールの隙間を少しずつ変化させる方法が開発され、厚みに傾斜がついた鋼板（LP鋼板）が生産できるようになりました。このように多様な厚板製品が圧延でつくられ、世界中で使われているのです。

要点BOX

- ●船や構造物などに使われる厚板には強度だけでなく靭性も要求される
- ●圧延と温度制御の組合せで材質がつくられる

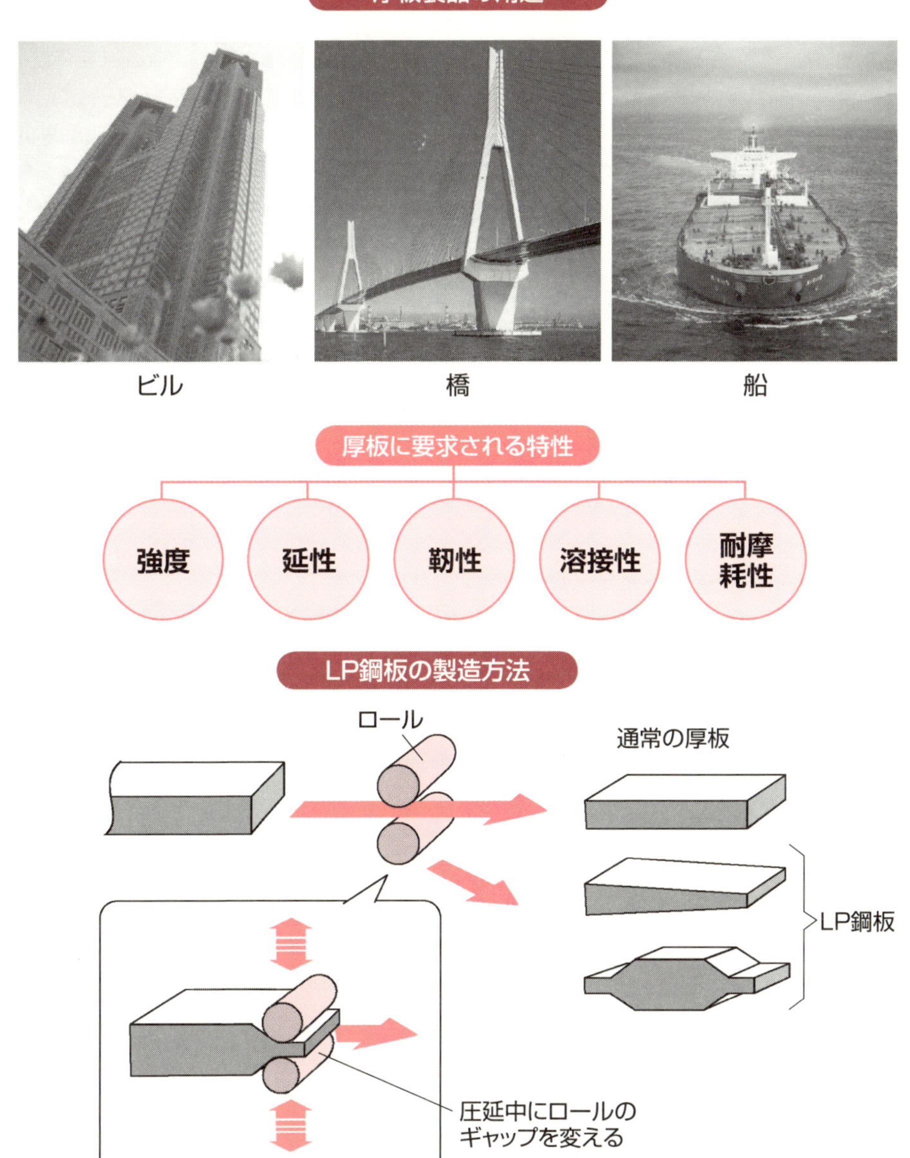

用語解説

強度と靭性：強度は破壊のしにくさを表す指標であるが、構造物としては衝撃を受けた場合の脆さに対する抵抗も必要。この脆性破壊の起こりにくさを示す指標を靭性と呼ぶ

LP（Longitudinally Profiled）鋼板：板厚を長手方向に多彩に変化させた厚鋼板で、鋼構造物の重量低減や溶接箇所の削減が可能である

8 形鋼・棒・線・管にもできる

自在な形状に圧延

圧延により、板だけでなくいろいろな形の製品もつくれます。形鋼はさまざまな断面形状を持った鋼材です。山形鋼や溝形鋼は建築物や機械の部材に使われるもので、ホームセンターでもおなじみの形鋼の代表選手です。また、高層ビルには断面がH形の形鋼が使われます。丈夫な船をつくるためには、補強材が多数必要です。この補強材には、2辺の長さと厚さが違う不等辺不等厚山形鋼が使われます。

ほかにも河川の護岸や土木工事の現場で、U字形の形鋼を互い違いにつなげた壁を見かけるかもしれません。この壁をつくっているのが鋼矢板です。鉄道の線路に使われるレールも形鋼に分類されています。

これらの形鋼は高温に加熱したブルームやビームブランクといった鉄の塊を、孔型と呼ばれる溝がついたロールで圧延します。ところが、圧延は長さ方向に一様に伸ばすのは得意でも、断面の形を変えるのが苦手です。1回の圧延で任意の形に成形できるわけではありません。そこでロールに孔型をいくつも並べ、順番に材料を通して徐々に形を変えていくのです。

鉄筋コンクリートの鉄筋をはじめとする棒鋼やもっと細い線材も、ある程度の細さまでは圧延でつくられます。丸や四角の断面に鋳造した材料を加熱し、形鋼と同じように大きさが異なる溝がついたロール順に圧延します。菱形や楕円などさまざまな中間形状でどんどん細くしていき、最後に円形や正方形などの棒や線に仕上げていきます。

さらには、パイプも圧延でつくることができます。鋼板を曲げて溶接し鋼管にする方法もありますが、石油掘削などに使われる高級な鋼管は、継ぎ目がないように太い高温の丸棒に穴を空け、これを圧延して太さと厚さをコントロールしながら伸ばします。

形鋼、棒線、鋼管はそれぞれ専用の圧延設備でつくられています。効率良く圧延するため、これまでに多くの技術が開発されてきました。

要点BOX

- さまざまな断面形状の製品は、孔型と呼ばれる溝を順番に通す圧延で形づくる
- 専用の圧延設備が必要

形鋼製品の例

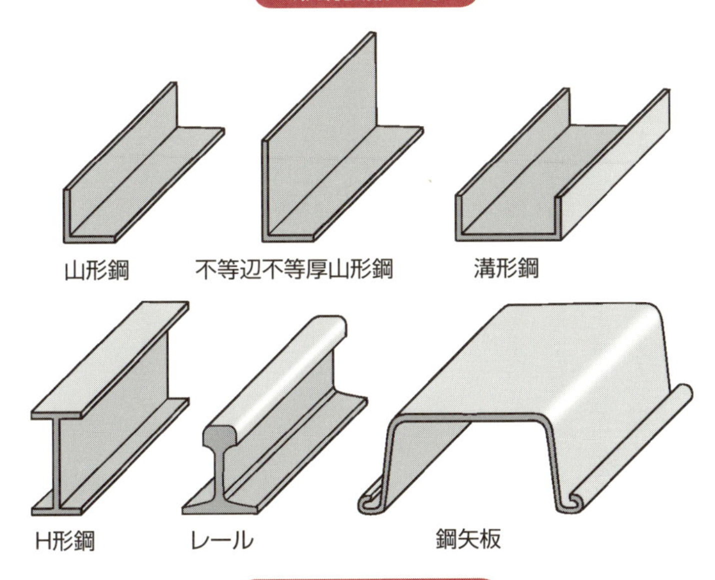

形鋼製品の使用例

U字形の鋼矢板を上下交互につないで
地面に打ち込んでいる

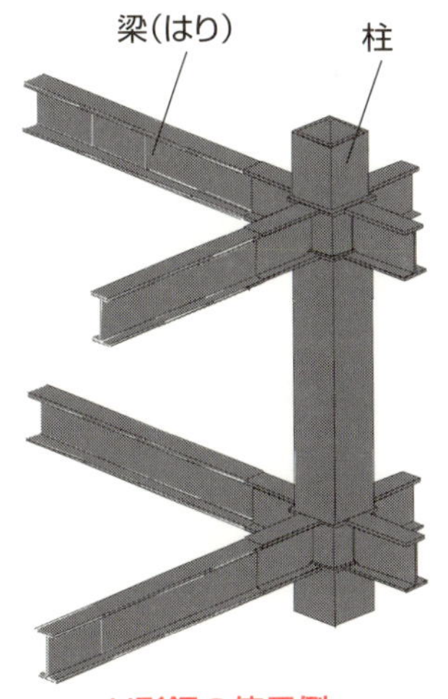

H形鋼の使用例

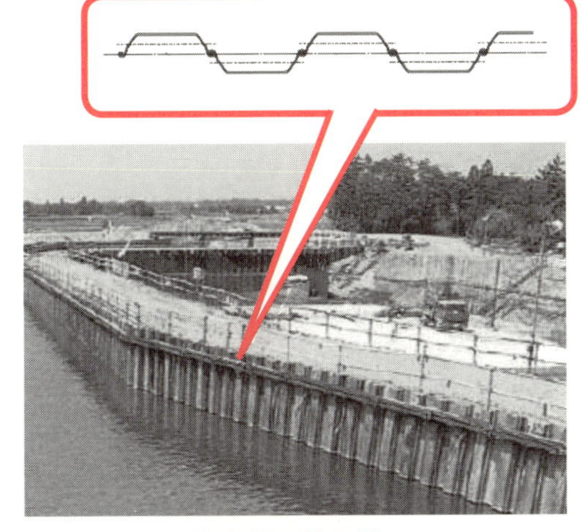

鋼矢板の使用例

用語解説

孔型：上下のロールに設けた溝の間の空間で、材料を通過させる部分
鋼矢板：両側に継手がついたU字形断面の形鋼で、横につなげて壁にすることができる。河川や海岸の護岸用や、地中に打ち込んで地下空間をつくるのに用いる

9 アルミの圧延製品

軽量で加工しやすく、錆びにくい金属製品

鉄鋼の次に生産量が多い金属製品は、アルミニウムです。一般的にアルミと呼ばれていますが、金属としての歴史は比較的新しく、その存在は1807年に初めて確認されました。

アルミニウムは、飲料缶やサッシ、食品包装用のアルミ箔、1円玉など日常生活の中でも身近な存在です。金属としては軽量で加工しやすく、空気中で酸化膜をつくり、錆びにくいという特徴があります。また、優れた熱伝導性・電気伝導性を有し、遮光性などの内部の保護機能を持っています。

例えば、アルミ箔は食品の包装に広く用いられています。チョコレートの包装に使われる「銀紙」は、チョコレートに含まれる油脂が光に当たったり酸化したりして、味や香りが劣化するのを防ぐために使われています。

アルミ製品も、多くが圧延などの塑性加工によってつくられています。圧延製品（板、箔など）の生産量は年間200万t程度です。圧延製品のうち、飲料缶と建材としての消費が多く、それぞれ約1／4を占めます。最近では、自動車用部品としての用途が顕著に伸びています。

アルミは、合金にすれば鉄鋼の1／3の重量で同等な強度を出すことができます。したがって、輸送機器の軽量化（＝輸送エネルギー低減）のために、航空機、新幹線などの鉄道車両、自動車にも多く使われています。

圧延の元となる地金は、ボーキサイトから抽出したアルミナを電気精錬してつくります。かつては日本でも精錬していましたが、精錬事業は1977年に生産量のピーク（120万t）を迎えた後、オイルショックによる電力コスト高騰のあおりを受けて、急速に衰退していきました。現在アルミ原料の30％がリサイクルによるものですが、新しい地金はほぼ100％を輸入に頼っています。

要点BOX

●アルミニウムは鉄鋼の次に生産量が多い金属で圧延材の用途も広い
●製品の軽量化に貢献

アルミの圧延材の用途

1円玉

アルミ箔

アルミサッシ

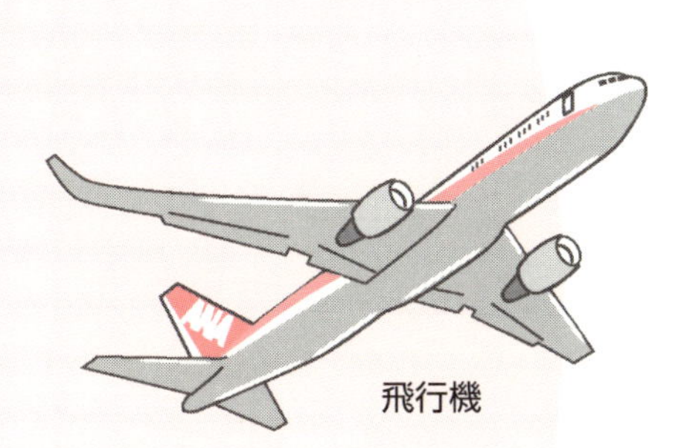

飛行機

電車

飲料缶

用語解説

ボーキサイト：酸化アルミニウム（アルミナ）Al_2O_3を52～57%含む鉱石で、アルミニウム精錬の原料となる。産出はオーストラリアが最も多く、日本ではほとんど採掘されない

アルミ合金：純アルミは非常に軟らかい金属であり、構造材として使用するために他の元素との合金として使用される。航空機などに使用されるジュラルミンは、アルミニウムと銅、マグネシウムなどとの合金

10 銅の圧延製品

電気や熱を伝える働き者の圧延製品

金属製品には、鉄鋼のほかにもいろいろなものがありますが、それらの多くが圧延などの塑性加工によってつくられています。その代表例が銅です。銅を塑性加工によって延ばしたものを、伸銅品と呼びます。日本にはメーカーが約60社あり、生産量は年間100万t程度で世界第4位です。そのうちの約8割が国内で消費されています。

銅は石器時代を経て人類が初めて使った金属で、古代エジプトでは装飾品や武器などに使用されていました。その後、紀元前後に古代ローマで亜鉛を含む銅が貨幣として使われるようになりました。日本国内では青銅器文明を経て、平安時代にかけて全国で鉱床が発見され、17世紀には世界最大の銅の産出国になりました。そのため、伸銅技術の歴史も長く、江戸時代には水車を動力とした伸銅が行われていました。その後、明治に入って蒸気機関を利用した圧延が大阪造幣局で行われ、伸銅品の大量生産が実現されました。

銅は電気伝導性が良く、銅線をはじめとする多くの電子部品に用いられます。また、熱伝導性が良いという点を活かして熱交換器などの配管に、高耐食性を活かして建材にも使われます。このほか、優雅な光沢を持つ特性から建築物の装飾に用いることも多く、抗菌性があり、生物が付着しにくいという性質を活かした用途も次々に開発されています。中でも、黄銅は加工性が良いため、工業用部品として使われます。

特に高い競争力を維持しているのが、半導体のリードフレーム用途です。国内消費の約1／3が電気機器向けで、その量は増加傾向にあります。パソコンや携帯電話での需要は引き続き堅調です。リードフレームには電気伝導性、放熱性、強度などの特性が求められますが、高精度な圧延によって微細な加工が可能となった銅箔が用いられています。

要点BOX
- ●銅の塑性加工は青銅器時代を経た長い歴史を持つ
- ●半導体の製造には不可欠

銅の圧延材の用途

半導体用のリードフレーム

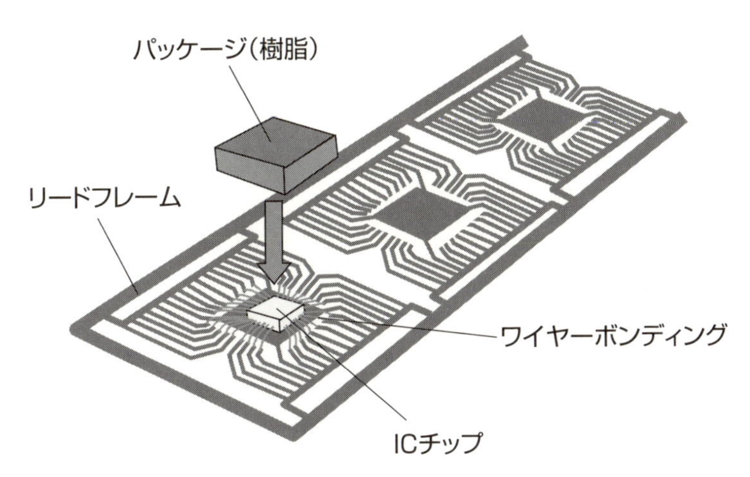

中央に搭載したICチップが樹脂で封入された際に、外部配線に接続できるように
ムカデ足のような形状に加工される

用語解説

銅合金：銅は他の元素との合金により種々の特性を発揮する。黄銅（銅・亜鉛）、青銅（銅-すず）、白銅（銅・ニッケル）などはその代表

リードフレーム：半導体パッケージの内部配線に使用される金属のこと。ICチップと外部配線との橋渡しをし、大部分の半導体に使用される

11 プラスチックの圧延

樹脂材料も圧延すれば強度が上がる

プラスチックは、細長い樹脂(高分子化合物)が集まってできたものです。今の時代、私たちはプラスチックに囲まれて生活していると言っても過言ではありません。プラスチックのカップや電化製品の外枠など、金型の中に溶けた樹脂を流し込んでつくっているものが目につきます。溶けた樹脂が冷えて固まるのを利用したり、熱硬化性という熱を加えると固まる性質を利用したりとさまざまです。

そうした中、薄くて幅の広いプラスチックはカレンダー成形という圧延ロールをいくつも通すような成形法でつくります。樹脂フィルムやシート、プラスチック板などがこの方法でつくられます。圧延なら長いシートをつくれるため、生産性に優れています。

また、あらかじめ準備した2つのシートを樹脂でくっつけたり、シートの表面に樹脂を塗ったりするために、シートと溶けた樹脂をロールではさんで押しつけて、しっかりと接着させるのも広い意味で圧延と言えるかもしれません。

プラスチックは長い分子でできているため、圧延すると櫛で髪をとかすように長い分子が揃って平行になります。ロープのように揃った分子は引っ張りに強くなります。圧延は形をつくるだけではなく、強さという性質も変えてしまいます。

他にもプラスチックは金属と異なり、少し加熱すると容易に形を変えて溶融状態になる特徴を活かし、金型の中に樹脂を押し込んで固める押出成形や、樹脂の中央に圧縮空気を送り込んで中空にするブロー成形などもあります。形をつくる手段がこれほど多数あるため、私たちの身の周りはプラスチックであふれているのです。

圧延はそのプラスチックの形を変えるとともに、材料の強度を上げるという優れた加工方法です。圧延は、決して金属材料だけを相手にしているわけではないのです。

要点BOX

- ●圧延は金属だけでなく、プラスチックの製造にも活用されている
- ●圧延は薄くするだけでなく強度も高める

プラスチック製品

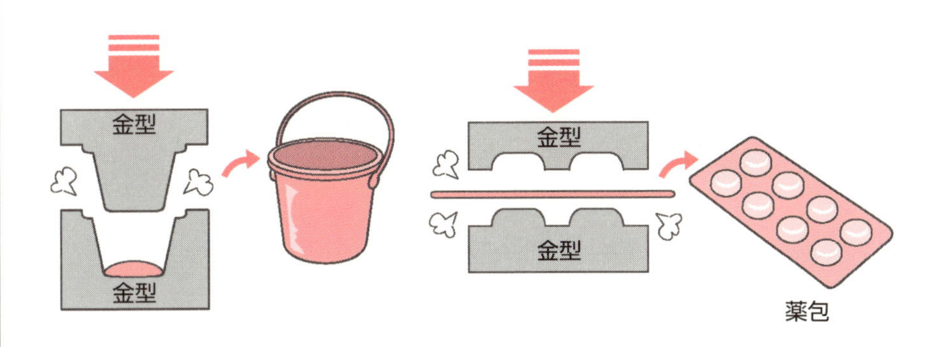

カレンダー成形

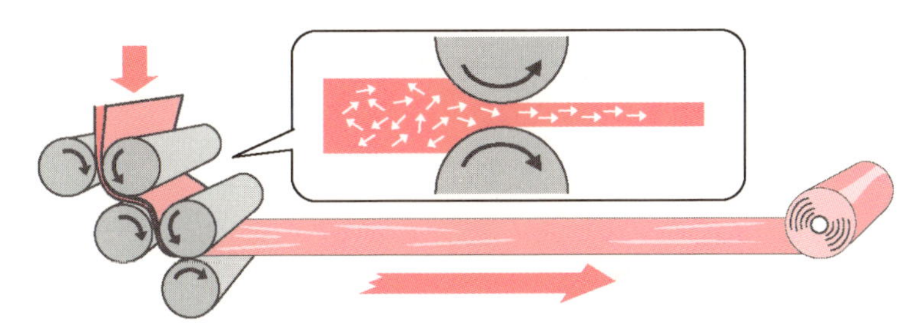

いろいろな方向を向いたプラスチック分子が圧延によって方向を揃えていく

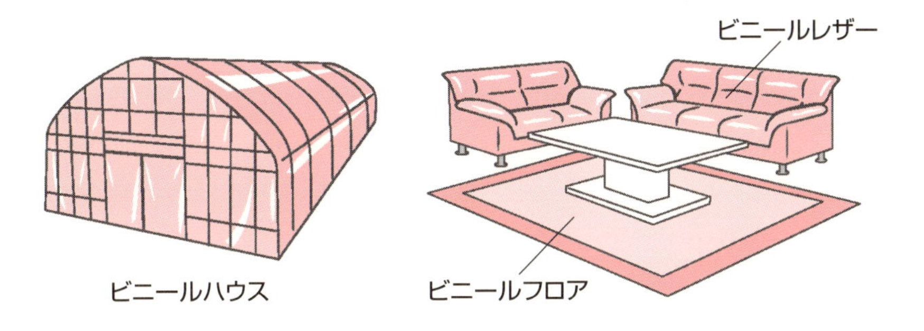

用語解説

延伸加工：高分子の合成樹脂を加熱しながら一方向に引き伸ばすと、分子の並びが揃って強くなることを利用する加工方法

カレンダー成形：樹脂を加熱したロールで伸ばして薄くする成形方法

Column

製鉄所は24時間操業

鉄鋼業は設備集約型産業と言われ、製鉄所には24時間休みなく操業をする工場が非常に多くあります。特に高温で操業するところは運転を停止すると温度が下がってしまい、生産能率が低下するため24時間操業するのが基本です。

鉄を溶かす高炉は、建設していったん火を入れると、少なくとも20年間は操業を続けます。ここだけは、絶対に操業を停止することが許されません。そして、操業は正月であろうとお盆であろうと関係なく、1年365日続きます。

高炉に入れる材料をつくる焼結工場とコークス炉、溶鋼の成分を調整してスラブをつくる製鋼工場、薄板の熱間圧延工場、厚板工場も高温で操業するので、温度を下げないようなるべく長く運転を続けます。

とは言っても、設備メンテナンスは必要なので、ある周期で運転を停止することはあります。例えば、薄板の熱間圧延工場では、仕上圧延機のワークロールの摩耗が大きくなると圧延ができなくなります。したがって、あるサイクル（コイル数十～百数十個のまとまり）を圧延したら数分間だけ運転を停めて、新しく研磨したものと交換します。バックアップロールや粗圧延機のロールの交換にはもっと長い時間がかかりますが、その頻度は数週間に1回程度です。また加熱炉には酸化スケールがたまるので、数カ月に1回程度、火を消して炉内の掃除をします。そして、年に一度くらいは何日間か連続で停めて、老朽設備を更新したり新しい設備を設置したりします。

ところで、冷間圧延工場は夜間操業しないのかと言うと、そうではありません。高価な設備を休まずに操業することが基本となっています。工場で働く人たちはオペレーターと呼ばれます。彼らは、1日を午前、午後、夜間の3つの班に分かれて勤務します。休みの班もあるので、合計4班が勤務時間をシフトさせながら操業を続けています。夜の8時頃に工場にやってきても、仕事は「おはよう」という挨拶で始まるのです。

第2章
圧延の基本

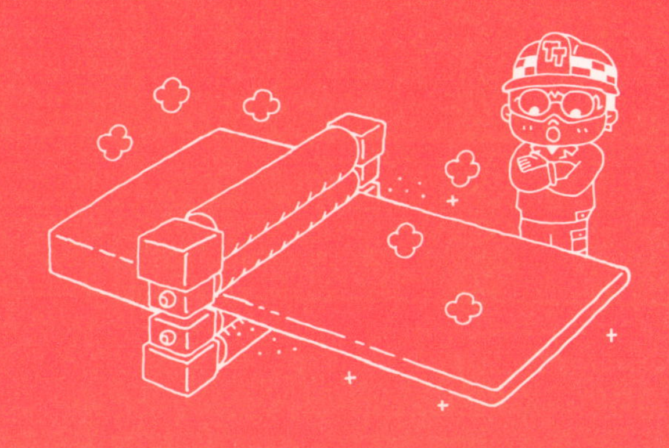

12 圧延の原理①

引っ張るよりもつぶす方が伸びやすい

圧延とは、「回転しているロールによる連続的な塑性加工」と定義されます。2本のロール隙間を通過させることで、減厚しながら延伸させる方法です。圧延の原理自体は古くから知られていましたが、人類で初めて機械としてスケッチに残したのはレオナルド・ダ・ヴィンチと言われています。1495年に手回しの圧延機を製作し、貨幣の素材を圧延しました。

圧延は、鍛造と同様に圧縮加工の一種です。材料を塑性変形によって延伸させる方法としては、引っ張りによる方法と圧縮による方法があります。圧縮の利点は、破断することなく非常に大きな延伸が得られる点です。例えば、鉄鋼材料の引張試験での破断伸びはせいぜい50％程度、長さ1mの素材が1・5mになると破断します。一方、圧延では1mの素材を10m以上に延伸させることができます。これは材料内部に働く力が主として圧縮となるため、材料に亀裂が発生しにくいからです。

圧延のもうひとつの利点は、材料を延伸させても板厚が薄くなるだけで、板幅はあまり変化しない点です。引っ張りの場合は、板厚の減厚と板幅の縮みが同時に生じます。大きく延伸しても板幅が変化しないことは、幅の広い鋼板の製造に役立ちます。圧延で板幅があまり変化しないのは、材料とロールの接触域では、摩擦力の作用や変形前後の材料によって幅方向への材料流れが抑制されるからです。

ただし、圧縮加工によって材料を延伸させる場合、材料が伸びようとすると、工具（ロール）からの摩擦力によって延伸を妨害する方向に力が発生します。その結果、板厚方向だけでなく延伸方向にも圧縮力が働きます。このように圧縮力があらゆる方向から発生する状態は、塑性変形の進行には寄与せず、引張変形に比べると余分な加工力が必要となって、加工設備もそれに応じて大規模になることが欠点とも言えます。

要点BOX

- ●一組のロールを回転させながら、金属をその隙間を通過させて延伸させる
- ●一見すると単純な方法だが、意外と奥が深い

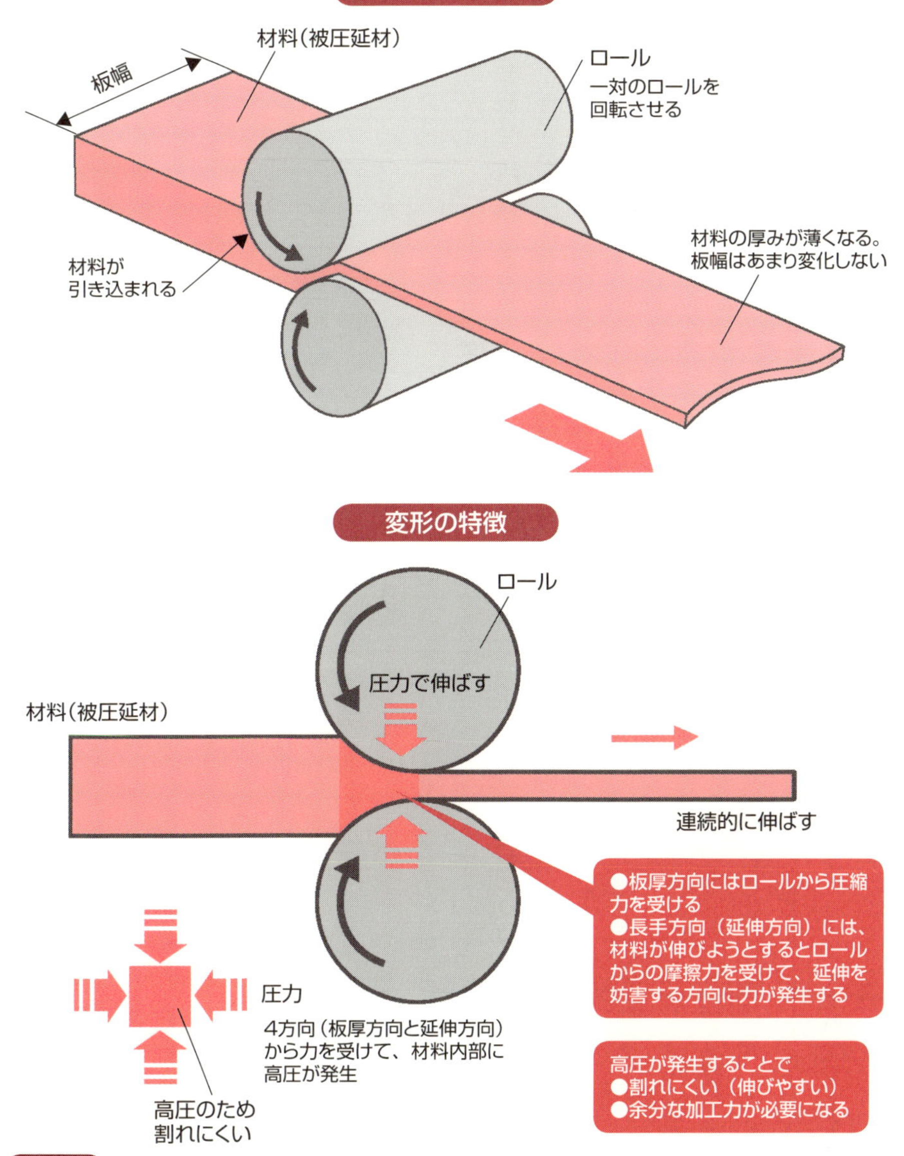

用語解説

塑性変形：金属材料に力を加えて変形させる場合、その力を取り去っても残る変形のこと。力を取り除くと変形が元に戻るものを「弾性変形」という。塑性変形が開始する現象を「降伏」といい、そのときの応力を「降伏点」、または「降伏応力」と呼ぶ

圧縮加工：金属材料の降伏現象は、降伏応力が正(引張)でも負(圧縮)でも生じるが、主に圧縮応力によって塑性変形を進行させる加工を指す。圧延のほか鍛造、押し出し、据え込み加工なども圧縮加工の一種

13 圧延の原理②

圧延機の一般的な構成

圧延を行うための圧延機は、材料と直接接触して延伸させる2本一組のロール（ワークロール）と、それを支えるバックアップロールを備えるのが一般的です。このようなワークロール2本とバックアップロール2本の計4本のロール群から構成される圧延機を4段式圧延機と称します。

一方、バックアップロールのない2本のワークロールからなる圧延機は2段式圧延機と言います。

材料に塑性変形を与えるためには大きな圧力を必要とするので、ワークロールがたわむほどの大きな力となります。たわみが発生すると、幅方向の隙間が均一でなくなる（クラウンができる）ため、寸法精度の高い板材を得ることができません。そのため、材料からワークロールにかかる力を後ろで支えるバックアップロールが用いられます。その直径はワークロールよりも大きく、これによりたわみを抑えています。

さらにバックアップロールに作用した力は、その両端の軸受で受け持ちます。軸受部は上下にスライドできる構造になっていて、ロールチョックと呼ばれます。ロールチョックは圧下スクリューで支えられており、それをハウジングと呼ばれる門柱のような支持箱で支えることになります。材料の変形に必要な圧延荷重は、最終的にはハウジングと呼ばれる構造物で支持されるわけです。

一方、ワークロールを回転させるためには、材料を変形させるのに必要な加工力に見合うパワーで回転させる必要があります。回転力は、駆動モーターから変速機を経由して、ワークロールのねじりモーメントとして伝達させます。材料の圧縮加工には大きな加工力が必要で、ロールを回転し続けて圧延を継続するには、その圧延荷重に打ち勝つために非常に大きなトルクを与えなければなりません。したがって、圧延機を高速で駆動するためのモーターも強力なものが必要とされるのです。

要点BOX
●直接加工するロールのほかに、ロールの変形を抑える複数のロールを搭載
●大きなハウジングと強力なモーターにより構成

4段式圧延機の構造

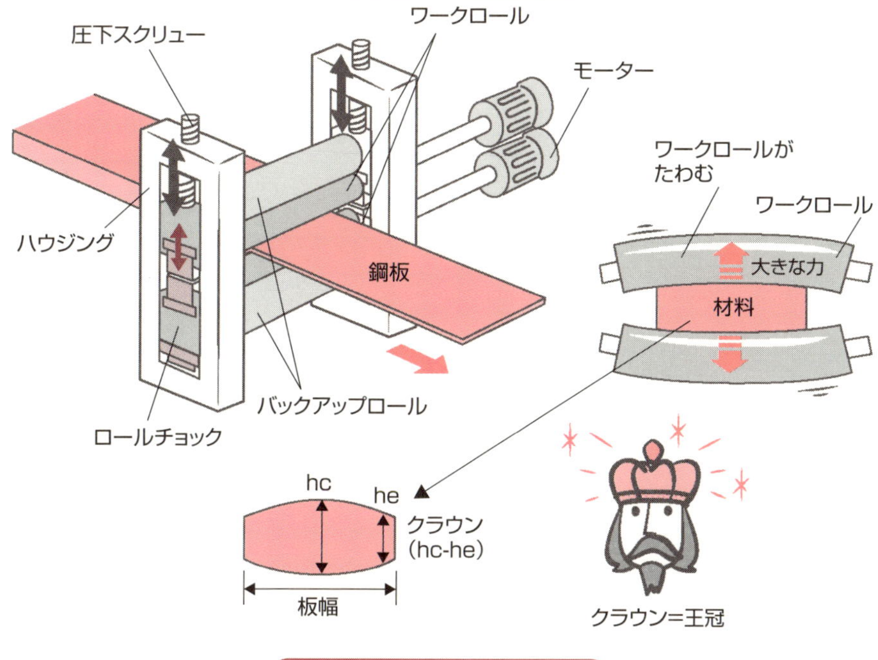

圧延に必要な回転トルク

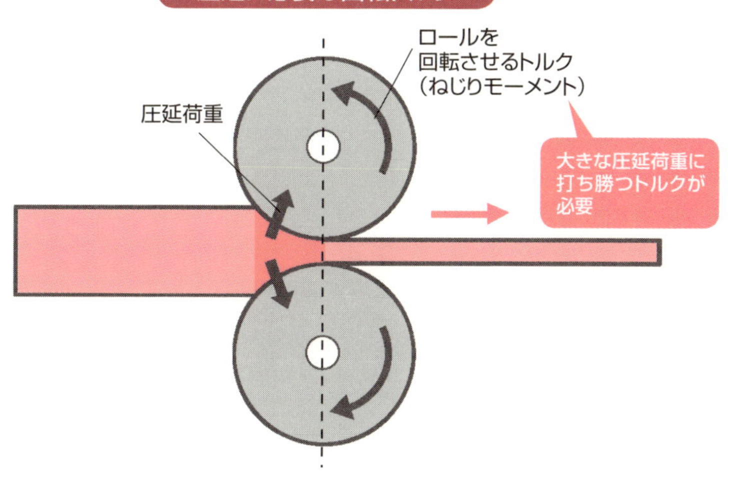

用語解説

ロール：圧延に用いられる回転する工具であり、鋳鉄や鍛鋼が用いられる。材料と接触するワークロールと、それを支えるバックアップロールがある。ロール両端には荷重を支持するための軸受や駆動トルクを伝達するための軸部を備える

クラウン：圧延材の幅方向にはロールのたわみにより板厚差が生じており、板幅中央が厚く、端部ほど薄く、この差をクラウン(Crown)と呼ぶ。板厚の分布が山高な形状になることから、王冠(Crown)を語源としている

14 鍛えて造る鍛造と圧延の違い

紀元前4000年以前から行われている鍛造

圧延と鍛造は、どちらも上下から力を加えて金属を薄く延ばす圧縮加工方法です。ここでは、圧延と鍛造との違いについてもう少し詳しく説明します。

鍛造は、「工具、金型などを用い、固体材料の一部または全体を圧縮または打撃することによって、成形および鍛錬を行うこと」とJISで定義されています。圧延は上下のロールで材料をはさみ込み、ロール回転とともに連続的に圧縮して薄く延ばすことです。圧延は鍛造の逐次的な圧縮加工の手法を、ロールを利用した連続的な加工方法として量産化を図ったものと言えます。

鍛造は、変形様式や工具形式により、さまざまな種類に分類されます。自由鍛造は、平面形状や単純曲面の工具を用いて断続的に加圧する方法です。この工法は、板状や円柱状など比較的な単純な形状をつくり出すのに用いられます。型鍛造は、鍛造金型に製品の形を彫り込むことで、同じ形の製品を大量に生産できる方法です。型鍛造は、自動車用部品など複雑な形状の製造に用いられています。

また鍛造では、このように形をつくり込む「成形」のほかに、「鍛錬」という働きがあります。素材である鋳造後の鋼塊には、内部に空隙（ザク）や偏析と呼ばれる性状不良が発生する場合があります。鍛造では、鋼塊を圧下することにより、板厚中心付近の広い領域に大きな変形が加わります。その結果、金属の内部組織が緻密で均一になり、強度などの性質も改善される効果があります。まさに、文字通り「鍛えて造る」というわけです。

鍛造の歴史は古く、紀元前4000年には石塊を手で持ち、天然の金を室温で叩いた自由冷間鍛造が行われていました。その後、金や銅の鋳造が始まり、材料を加熱して高温状態で加工する熱間鍛造や人力ハンマーの利用も、紀元前にはすでに行われていたようです。

要点BOX

- ●鍛造には形をつくり込む「成形」と、材質を改善する「鍛錬」という働きがある
- ●逐次加工と連続加工に相違点

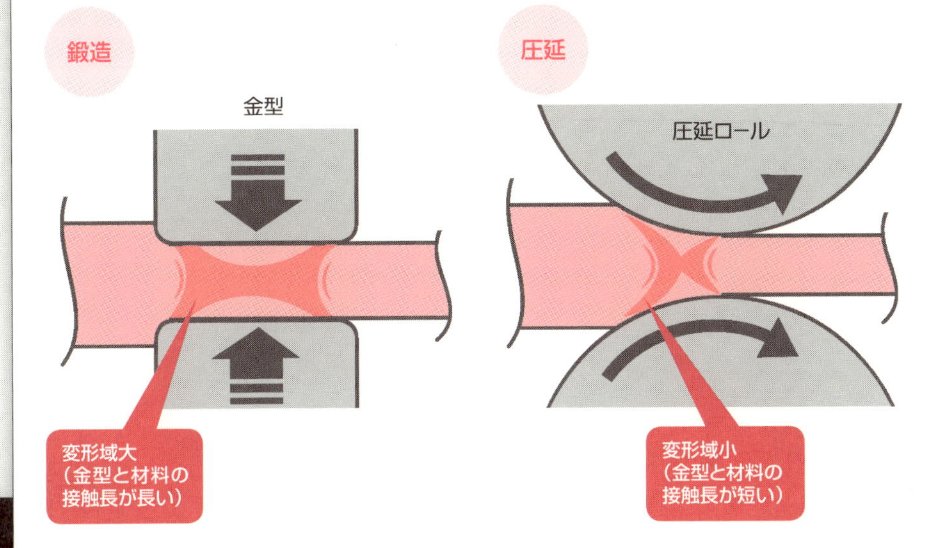

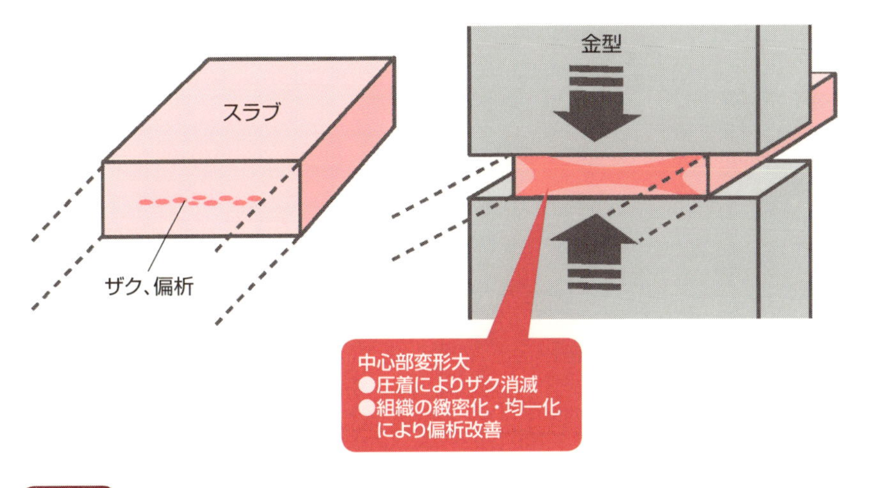

用語解説

ザク：スラブの鋳造では、温度の低い表面側から凝固が始まり、中心部付近が最後に凝固する。この際、凝固時の熱収縮挙動によりスラブ中心部に空隙が発生することがあるが、これをザクと呼ぶ。

偏析：鋼の特性を向上させるために、溶鋼中に加えられている合金元素や凝固前の成分調整作業で除去できなかった不純物が、鋳造での凝固中に板厚の中心部などに集まって析出すること

15 熱間と冷間の違い

「鉄は熱いうちに打つ」だけではない

　圧延は、加工する温度により熱間圧延と冷間圧延に分類されます。「熱間圧延」は金属を高温状態で加工するもので、内部の結晶が規則正しい状態に変化する再結晶温度以上での加工です。鉄鋼材料では900〜1200℃程度、アルミニウムでは300〜600℃、銅では700〜900℃前後で行われます。もう一方の「冷間圧延」は、再結晶温度より低い温度で行われるものを言いますが、一般には室温での圧延を意味しています。また、それらの中間の温度域で行われる場合を「温間圧延」と呼ぶこともあります。

　金属を高温で加工するのは、材料が軟らかくなると圧延に必要な力が小さくて済むからです。高温に保持すれば軟質なままの状態を維持しますので、加工しやすい利点があります。そのため、一度に大きな変形を加える場合に適しています。また、圧延による加工と再結晶を繰り返すうちに、徐々に結晶粒が小さくなり、材料強度を向上させ、粘り強い製品を得ることができます。

　ただし、熱間圧延では加工エネルギーは小さくて済みますが、材料を加熱するのに大きなエネルギーが必要です。そのため、温度が低下しやすい薄い材料にはあまり適していません。

　一方、冷間圧延は材料が硬いままで行いますので、圧延荷重が大きくなり、あまり大きく減厚することができません。しかし、高温ではないため表面が酸化によって劣化しにくく、きれいな金属表面の製品を得ることができます。

　また、冷間圧延では材料の結晶粒が変形し、延伸しながら内部にひずみが蓄積されます。そのままでは材料が硬くて脆いため、その後に焼きなましを行います。熱処理をすることで材料を軟らかくしながら、金属の結晶を特定の方向に揃えることができます。これにより、プレス成形などの加工がしやすい鋼板を製造することができます。

要点BOX
- ●金属を高温にして行うのが熱間圧延
- ●室温付近で行う冷間圧延
- ●それぞれの特徴を活かすことが重要

熱間圧延と冷間圧延

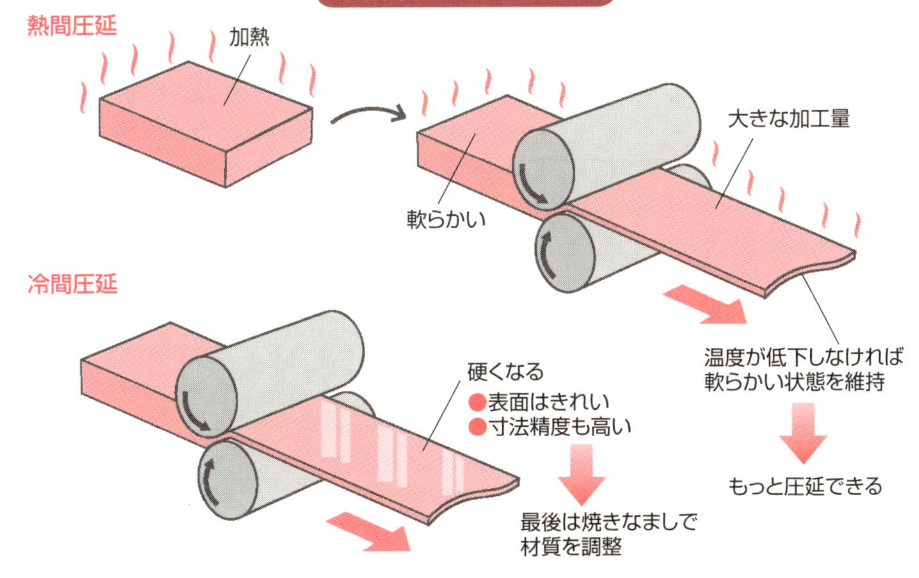

熱間・冷間圧延での組織変化

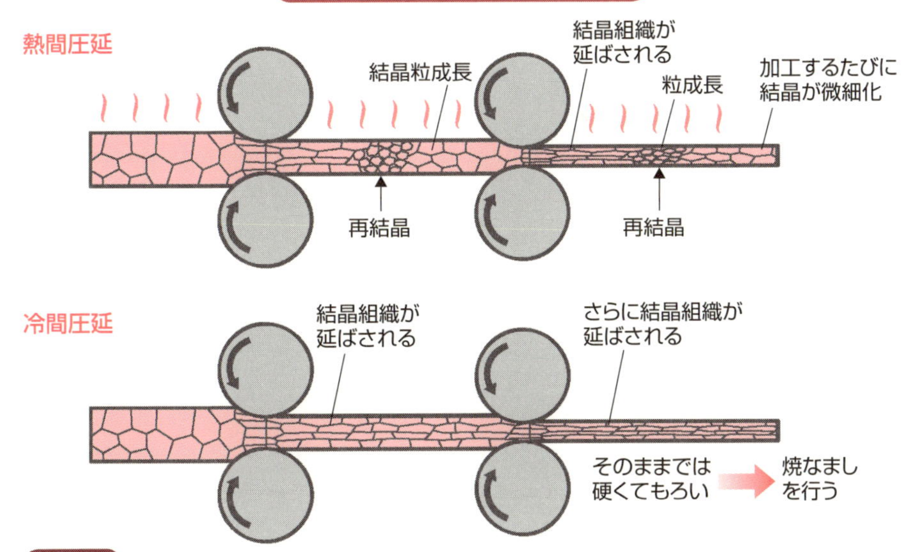

用語解説

再結晶：金属内部にひずみが蓄積された状態の結晶粒から、ひずみのない規則正しい新たな結晶が生成し置き換わる現象。再結晶が生じる温度は、金属の成分やひずみの大きさ、加熱条件などの影響を受ける

焼きなまし：材料の内部応力の除去や、軟質化を行う熱処理（焼鈍ともいう）のこと。再結晶や結晶粒の成長を促し、特定の元素を固溶させたり析出させたりして材質の調整を行う

16 1/100の厚さまで伸ばす熱間圧延

熱延ラインの基本的な構成

　鋳造された厚み200〜300㎜、幅1〜2m、長さ5〜12mのスラブは、加熱炉で1200℃程度まで加熱されます。加熱炉内で所定の温度になったスラブの表面は、スケールと呼ばれる酸化物で覆われており、デスケーラーと呼ばれる高圧水を噴射して表面をきれいにします。

　一般的には、スラブの幅を大きく変更するためのサイジングプレスと呼ばれる鍛造装置が配置されます。その後、粗圧延機で板厚30㎜前後まで減厚されます。粗圧延機は数基の圧延機で構成され、材料を複数回往復させながら徐々に減厚していきます。このような往復式の圧延機をレバース式圧延機と呼びます。粗圧延機の前後にはエッジャーと呼ばれる幅圧下装置が併設され、圧延で材料の幅が少し広がる分を幅方向につぶし、製品として狙いとする板幅に制御します。

　粗圧延を行っている段階で材料の温度は徐々に低下していき、粗圧延が終了する時点では1100℃程度となります。ただし、板厚がまだ厚い段階のため、温度低下はそれほど顕著ではありません。

　粗圧延後の材料の状態は粗(あら)バーと呼ばれ、先端部や尾端部をせん断機（クロップシャー）で切り落とした後に、仕上圧延機に装入されます。仕上圧延機は7基程度の圧延機が連続的に配置された構成で、一方向に短時間のうちに減厚して、製品板厚に仕上げられます。圧延機を出た時点の板厚は、通常2〜5㎜程度、温度は900℃程度の状態です。

　仕上圧延の出側には、ランアウトテーブルと呼ばれる冷却帯があります。鋼板はここで水冷され、鋼の組織が相変態によって所定の材質に制御されます。冷却帯通過後の温度は500〜700℃程度、搬送速度としては毎分800m程度でコイラーによって巻き取られます。巻き取られたコイルは置き場に搬送され、熱延コイルとして製品になるものと、冷延ラインに送られるものに分けられます。

要点BOX

- ●工場見学の最大の見どころポイント
- ●高温の材料が次々に圧延される姿がダイナミック

熱延ラインの構成

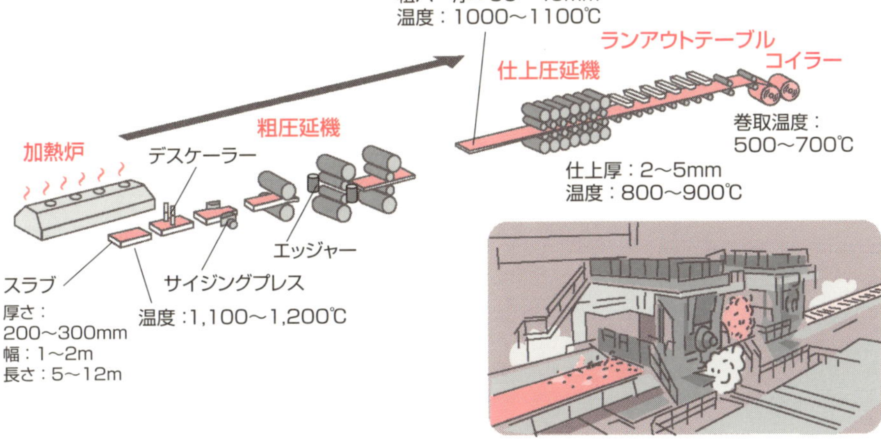

熱延ラインの規模感

	代表的な仕様
ロール寸法	直径 800 ～ 1,500mm 胴部長さ 2,000mm
最大圧延荷重	5,000t
最高圧延速度	1,600m/ 分（時速 96km）
板厚 板幅	0.8 ～ 25mm 700 ～ 1,850mm
月間生産量	30 ～ 40 万 t

自動車 4,000 台分の重量に相当する大きな力

板厚と板幅の比率は A4 上質紙と同じくらいの厚さと幅の比率

板厚 1mm、板幅 1m の場合、長さが地球一周分にもなる量を生産

用語解説

熱延ライン：熱間圧延による薄板製品を製造するライン。鋳造スラブを加熱し、再結晶温度以上を維持しながら圧延によって減厚し、冷却によって製品の組織を制御する工程全体を指す

粗圧延と仕上圧延：鋳造スラブの厚みから中間厚（30～40mm程度）まで圧延する粗圧延機と、製品厚まで減厚する仕上圧延がある。粗圧延は板厚が厚い状態で行われるため温度低下が小さく往復式でよいが、板厚が薄いと温度低下しやすく、近接した複数の圧延機で連続的に仕上圧延が行われる

17 熱延コイルをつなげて高速で冷間圧延

冷延ラインの基本的な構成

熱延ラインで巻き取られたコイルの表面は、黒い酸化物層（スケール）で覆われています（黒皮という）。そこで、酸洗と呼ばれる酸化物除去工程で表面のスケールを除去し、白い肌（白皮）にした後に、冷間圧延が行われます。

通常の冷間圧延は、5～6基の圧延機が連続的に配置されるタンデム圧延によって行われます。冷間圧延機は、自動車用鋼板など板厚0・5～2・0mm程度のコイルを製造するシート系ミルと、缶用鋼板のように板厚0・1～0・5mm程度の薄い鋼板を製造するブリキ系ミルに分かれています。両者の違いは外観からはわかりにくいのですが、駆動系として比較的低速で高トルクを付与できるシート系ミルと、トルクは低くても高速圧延を得意とするブリキ系ミルに特徴づけられます。

1960年代までの冷延ラインは、バッチ式というコイルごとに通板を行う形式でした。それが1971年に、完全連続式という先行コイルの尾端部と後続のコイルの先端部とを溶接し、連続的に圧延する方式が開発されました。その後、酸洗工程とも連続化されたPLTCM（Pickling Line and Tandem Cold Mill）方式が広く採用されています。

連続化に当たっては、入側でコイルを巻きほぐす装置（ペイオフリール）が複数台備えられています。またコイル溶接を行っている間も圧延が停止しないように、材料を一定時間貯め込むルーパーと呼ばれる装置が配置され、異なる工程間の処理時間の差を調整しています。

さらに冷間圧延機の出側では、高速で走行しながらコイルを切断するせん断装置と、切替が可能な複数の巻取機が備えられていて、圧延機を停止することなく冷延コイルが次々と製造されます。ただし、冷間圧延しただけの材料は硬くて脆いため、焼きなまし工程を経た上で製品となります。

- ●薄い板を高速で圧延していくのが特徴
- ●高い寸法精度を得ながら、表面を調整する役割もある

冷延ラインの発展

バッチ式タンデムミル　1940年日本製鐵八幡

海外から技術を導入
コイルごとに板を通す作業を行っていた

TCM
ペイオフリール
コイラー

完全連続式タンデムミル　1971年NKK福山

国産技術。板を通す作業がなくなり
コイルの先端や尾端の非定常部がなくなった

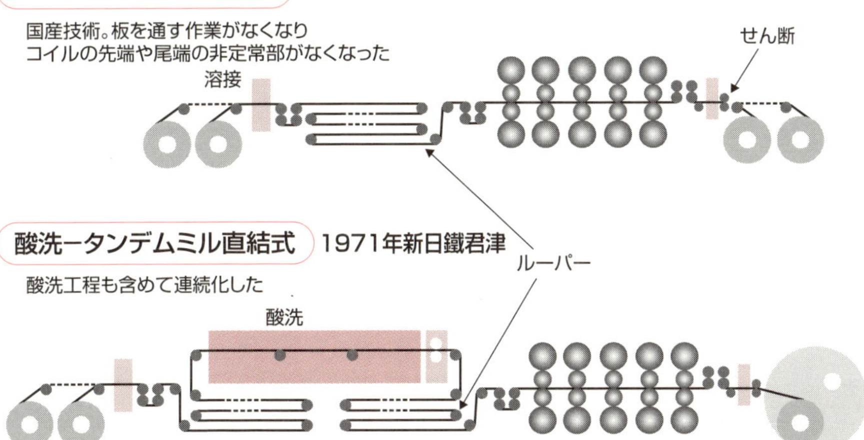

酸洗ータンデムミル直結式　1971年新日鐵君津

酸洗工程も含めて連続化した

製品に応じた冷延ラインの分類

	代表寸法	圧延速度
シート系ミル	板厚　0.5～3.0mm 板幅　1,200～1,800mm	1,200～1,600m/分 (時速72～96km)
ブリキ系ミル	板厚　0.1～0.5mm 板幅　800～1,200mm	1,800～2,800m/分 (時速108～168km)

用語解説

冷延ライン：冷間圧延機は5～6基の圧延機から構成されるタンデムミルと、1基（ないし2基）の圧延機で材料を往復させるレバースミルに分類される。鉄鋼材料では生産性の高いタンデムミルが一般的だが、特殊鋼や非鉄金属などにはレバースミルが広く用いられる

シート系とブリキ系：板厚が比較的厚いものを製造するタンデムミルをシート系、極薄用ミルをブリキ系などと区分することがある。両者は圧延機の耐荷重やモーター特性などに違いがある。製品幅も異なり、シート系では最大1,900mm程度、ブリキ系では1,300mmとなる

圧延しておいしい麺を

圧延は金属の塑性加工方法ですが、回転しているロールによる連続的な加工という点で、金属以外にも応用範囲は広がってきます。身近な例では、うどんやパスタなどの麺類が挙げられます。いずれも小麦粉と水を混ぜて素材をつくり、回転するロールによって圧縮ながら薄くしていきます。最終的には細く切って完成しますが、薄くする過程は圧延と呼んでもよいでしょう。

日本の製麺機は佐賀県出身の真崎照郷が発明し、1888（明治21）年に特許を取得したそうです。人力で動かすものであったため初期にはあまり普及しませんでしたが、昭和になるとモーター動力のものが現れ、普及していったということです。現在では、原料の粉の製粉粒径を細かく調整し、水とミキシングしてローラーで圧延し、さらに切断機で細かくし、蒸気で蒸してお湯で茹で上げる全自動製麺機が活躍しています。ラーメン、うどん、パスタと知らないうちに圧延のお世話になっているというわけです。

ところで、うどんは圧縮によって延伸させながら腰を出す方法によってつくられますが、手延べそうめんはやや異なる原理を利用します。生地を圧延するまでは同じですが、手延べそうめんの場合は、最終的に2本の棒にかけながら、慎重に引張を加えつつ延伸させる方法をとります。引張変形によって延伸とともに麺を細くする点で圧延と異なり、細い麺に加工することで保存のための乾燥をしやすくする工夫が施されています。

なお、うどんの場合、一方向の圧延よりも、圧延方法を交互に変更する方がおいしいという研究もあるそうです。うどんに含まれるグルテンが多方向に配列され、麺の長手方向と幅方向の弾性が均一になるためと言われています。加工の加え方で材料の品質が変化する点も金属の圧延と類似しています。

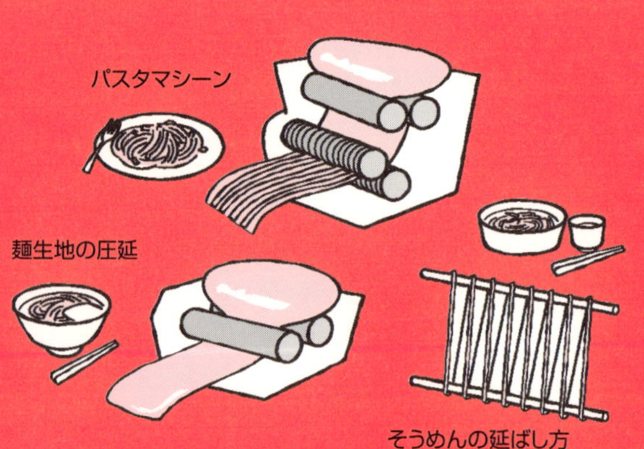

第3章

圧延を行うための設備

18 巨大な圧延機

ケタ外れのパワーを誇る

　圧延では圧延機に大きな力がかかるため、その寸法も大きくなります。特に大きな圧延機は厚板を圧延するものです。

　製品の板厚が5〜100㎜の厚板は、幅が5mを超えるものまでつくられており、圧延するロールの幅も5m以上必要です。このときロールの強度を保つため、ワークロールの直径は1mを超え、それを支えるバックアップロールの直径は2m以上になります。単純支持された円柱のたわみやすさは荷重に比例し、ロール径の4乗に反比例するため、大きな荷重がかかるほど大径ロールが必要です。

　4段式圧延機のロールを積み重ねると、なんと棒高跳びの世界記録に匹敵する高さとなります。また厚板圧延機本体は、当然ロールよりも幅が広くなければなりません。幅は約8m、高さは約15mと4階建てビルの高さに相当する非常に大きな機械です。

　耐荷重の観点から見ると、圧延荷重が1万tを超えても耐えられる圧延機がつくられています。前述したように、東京タワー2・5基分の重さにも耐える設備です。上下ワークロールとバックアップロールは、軸受箱を介してハウジングと呼ばれる枠に支えられます。ハウジングはロールの両端を支持するため左右に2つ必要で、1つの重量が400t以上です。2つのハウジングに多くの部品を加えて組み立てた厚板圧延機は1500tを超えます。大型ダンプの積載量が10t程度で、ダンプ150杯分の土砂に相当する重量です。

　ところで、このような巨大な圧延機を支える基礎工事も極めて大規模になります。厚板工場を建設した例では、鋼管の杭を1400本、鉄筋4600t、コンクリート8万㎥を使った工事が行われた実績があります。大きな製品をつくる厚板圧延機は、特別に頑丈でパワーのある機械ですが、その足腰も頑丈につくられているのです。

要点BOX
- ●大きな圧延機の代表は厚板圧延機
- ●ケタ外れの力がかかっても大丈夫

厚板圧延機のハウジング

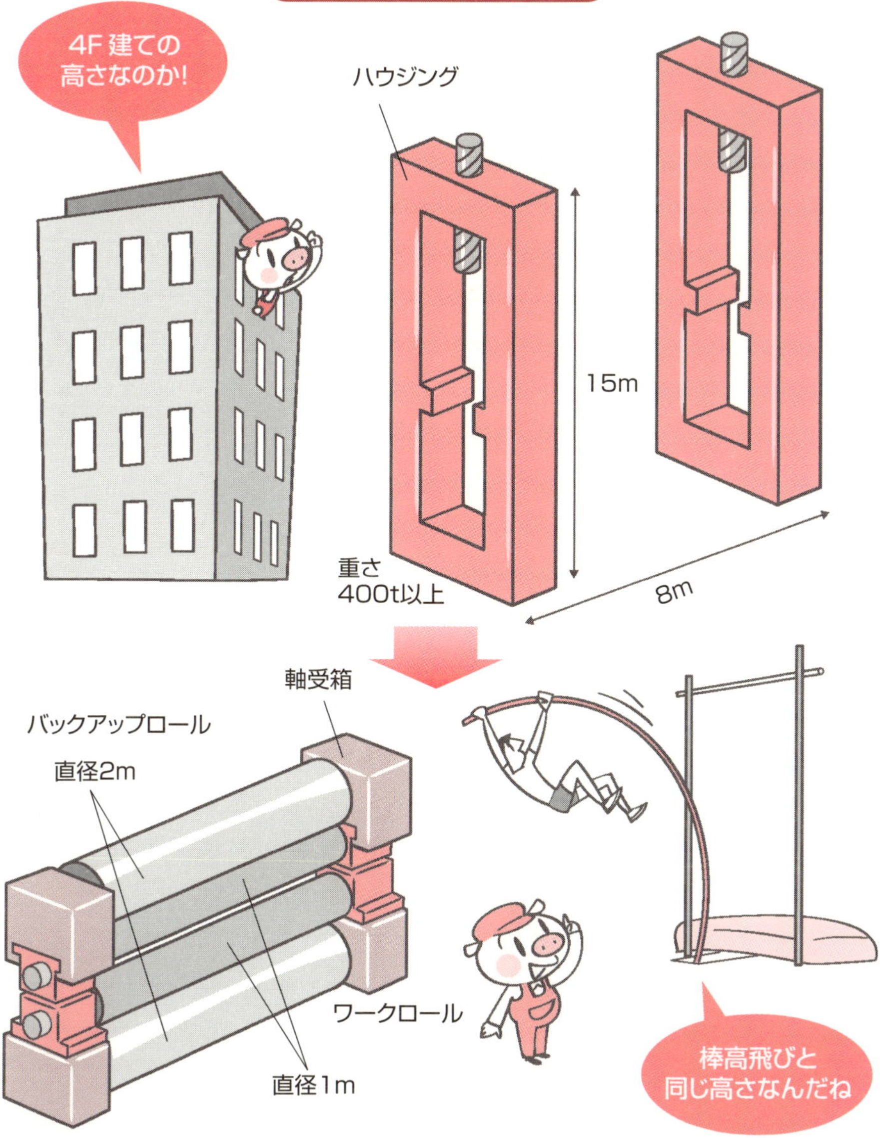

用語解説

ハウジング：圧延機のロール軸受箱を収める枠。縦長のO字形で、上下ロールが開こうとする力を支える。左右一対のハウジングがロールの両端を保持する

ロールのたわみ：材料力学で考えると、はりのたわみは荷重に比例し、支持スパンの3乗に比例する。荷重が大きく、幅が広いほどロールがたわむ。これに対して、円柱の断面２次モーメントが大きくなるように大径のロールを使い、たわみを小さくする

19 鉄骨をつくる圧延機

ユニバーサル圧延法の発明が用途を広げた

高層ビルの建築現場などで見かける代表的な建築資材が鉄骨です。マンガでは、上から落ちてくる重たい危険物として描かれることも多いでしょう。

この鉄骨はH形鋼と呼ばれる形鋼製品で、その名の通り断面がH形をしています。ただし、使われるときは、90回転させてI形のような姿勢になり、ビルの梁材などに用いられます。重量当たりの曲げ剛性に優れているのが特徴です。

H形鋼は両側の縦線部分をフランジと呼んでおり、この部分が強度（剛性）を高める役割を持っています。その一方で、フランジの間にある横棒部分（ウェブ）は強さにほとんど貢献しません。つまりフランジの幅（Hの高さに相当）が広い鉄骨でないと、必要な強さが確保できないことになるのです。

実は、圧延は高さのある製品をつくるのがあまり得意ではありません。鉄の塊を上下からロールではさんで加工するため、高さがどんどん小さくなっていくのです。上下のロールに溝をつくって圧延すればよさそうですが、やってみると高さが１００㎜程度のH形をつくるのがやっとです。

そこで、上下だけでなく左右にもロールを設置したユニバーサル圧延機が20世紀初頭に実用化されました。途中の圧延では、フランジを外側に傾けて効率良く厚みをつぶし、さらにフランジ幅を整えるエッジャ圧延機と隣り合わせて厚みと幅を整えます。最後にもう1台の仕上げユニバーサル圧延機でフランジをまっすぐにしてH形鋼のでき上がりです。この方法で、フランジ幅が４００㎜を超えるH形鋼もつくれるようになりました。

このようなユニバーサル圧延機を使ったH形鋼の製造方法が発明されたことで、大量の鉄骨が生産されるようになりました。これが、ニューヨークをはじめとする大都市の摩天楼の出現に、大きな役割を果たしたことは間違いありません。

要点BOX
- 高さのある製品を圧延するのは難しい
- 専用のユニバーサル圧延機の発明がH形鋼の大量生産を可能にした

H形鋼の圧延設備

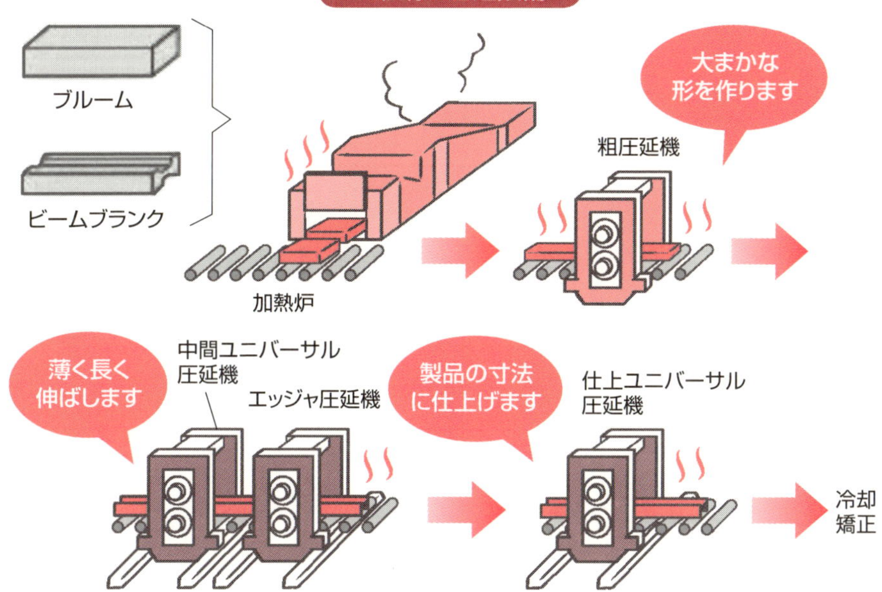

ユニバーサル圧延

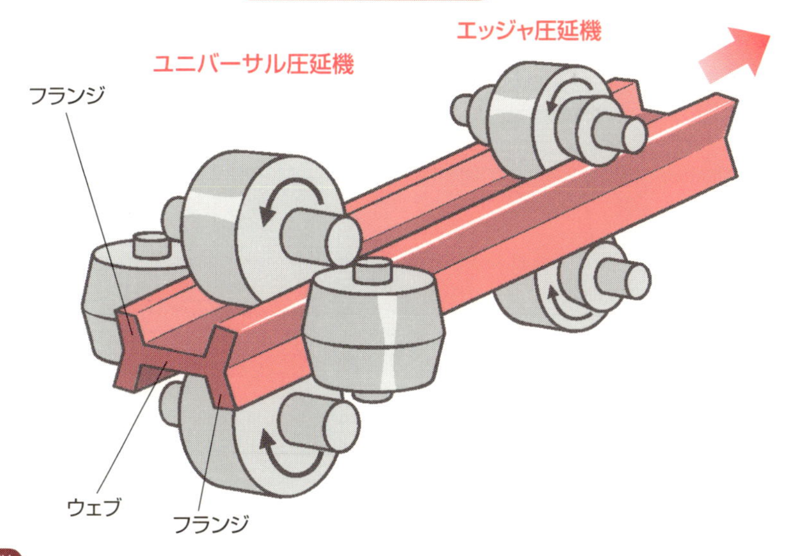

用語解説

梁材：柱と柱の間に設置される水平部材で、建物のフロアを支えている
ウェブとフランジ：H形鋼の中央の水平部分をウェブ、両側の垂直部分をフランジと呼ぶ

20 継目無鋼管の圧延

丸孔をあけて上手に伸ばす

石油や天然ガスなどの資源を採掘地から輸送するときに、各種の鋼管が使用されています。鋼管は、鋼板を丸めてつなぎ目を溶接する溶接鋼管（電縫鋼管、スパイラル鋼管）と、丸ビレットと呼ばれる鋼の円柱棒から鋼管に成形する継目無鋼管（シームレスパイプ）に大別されます。

シームレスパイプの素材となる丸ビレットは、連続鋳造で製造されます。継目無鋼管の製造工場では、丸ビレットの加熱、穿孔（孔あけ）、延伸などの工程を経て各種、各サイズの鋼管を製造しています。

加熱後の穿孔工程では穿孔機（ピアサー）が使用されます。プラグと呼ばれる高合金鋼からなる工具を丸ビレットの端面に押圧し、穿孔ロールで丸ビレット表面を圧下しながら長手方向に回転鍛造して穿孔されています。つまり、塑性加工によって鋼管形状に成形されているのです。

この際、ビレットの中心部には引張応力が作用して脆くなり、穿孔されやすい状態になります。この効果はマンネスマン効果と呼ばれています。穿孔時には、鋼管の内表面や外表面に割れや擦りキズができやすく、穿孔条件の適正化が必要です。

穿孔工程にて鋼管状に粗成形された後は、製品サイズに応じてエロンゲーターやプラグミル、そしてサイザーと呼ばれる加工機で所望の鋼管製品に仕上げられていきます。継目無鋼管の製造では、円管の肉厚を均一にすることが重要で、肉厚精度にはプラグの形状精度（熱膨張、摩耗）や丸ビレットの温度分布などが影響します。

近年、深海での使用や高圧条件での大量輸送を行う目的で、パイプにも高強度材の需要が高まり、プラグに対しては過酷な条件となっています。このため、プラグ材質の適正化による長寿命化が重要な課題です。肉厚精度の向上には、スタンド間の張力制御技術などが取り入れられています。

要点BOX
- ●板を成形して溶接するのが溶接鋼管
- ●円柱棒から圧延によって製造するのが継目無鋼管

鋼管の種類

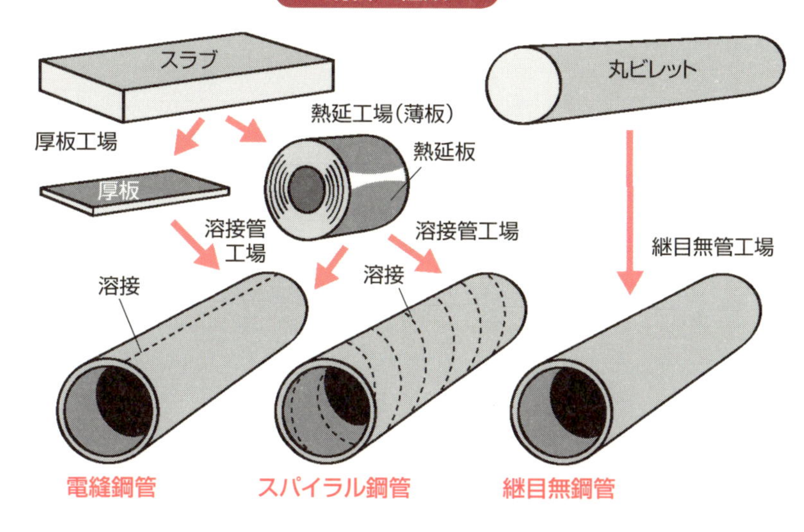

継目無鋼管の製造に使用される各種圧延機

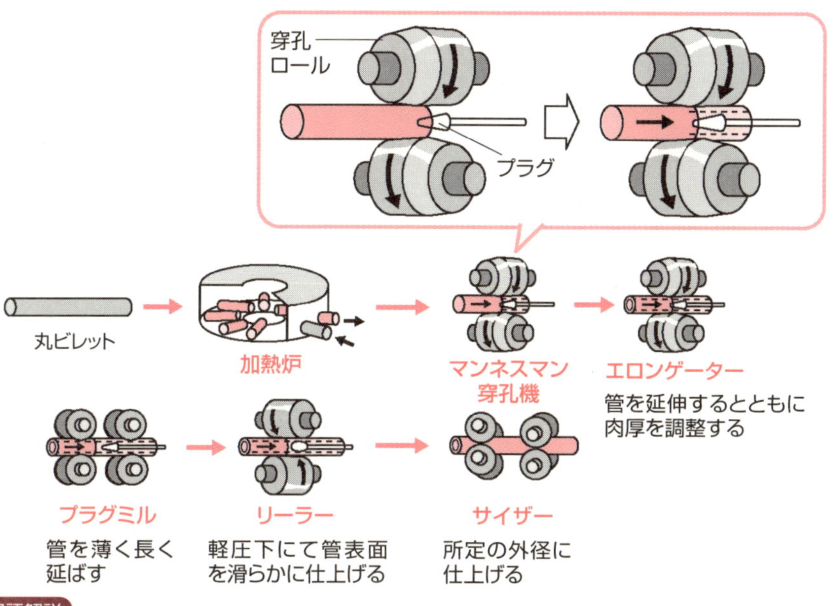

用語解説

スパイラル鋼管：鋼管製造ラインの進行方向に対して熱延鋼板を傾斜させた状態で繰り出し、板端同士がつき合うように螺旋状に成形しながら突合せ部を溶接して製造した鋼管

マンネスマン穿孔法：互いに斜めに傾斜したロールで材料を圧下する傾斜圧延法。1885年に発明して管の素材を製造することに成功したドイツのマンネスマン兄弟に由来

21 丸い断面の圧延

四角のみならず丸い断面も圧延でつくり込める

外形が円形形状の線材も、シームレスパイプと同様に鋳造された丸ビレットからある程度の直径まで圧延でつくっていきます。ただし、普段目にする針金やメガネフレームなどは、その後に引き抜きという工程で細くして仕上げるのが通常です。

線材の圧延では、加熱した素材を熱間圧延して、溝(孔型)のついた2本のロールで押し込み丸くします。それだけでは形がいびつになってしまうので、3方向や4方向から溝のついたロールで押し込んできれいな丸にします。

ただし、そのままだと何十㎞もの長さになるため、圧延が終わったらクルクルと丸く曲げながら冷やしていくのです。これをステルモア冷却と呼んでいます。赤熱している線材が丸く折り重なる模様は芸術作品のようで、新体操のリボンのようでもあります。赤く光りながら丸くなる様は実にきれいです。

少し太めのものは、建設現場でよく目にする凸凹がついた鉄筋などになります。元のビレットと呼ばれる素材は、直径20㎝程度で長さは1mほどの太い棒です。これが熱間圧延を繰り返すと、何百mにも伸びた線材となるのです。熱間圧延中の線材は柔らかいため、曲げて進行方向を変えながら圧延工場の中を進んでいきます。さらに太いものは棒ですが、風力発電のシャフトや鉄道・自動車用軸受などの機構部品として使われます。

鋼の線はとても強く、ピアノ線は1㎟で300㎏の重量がかかっても耐えられるものがあります。大きな吊り橋を吊り下げるワイヤーロープの元になる強い線とするには、ダイスと呼ばれる細い穴を通して少し直径を小さくする、伸線という作業を気の遠くなるほど繰り返します。その速さは毎分1000mにもなります。この細いワイヤー線はちぎれないように少しずつ加工するのですが、何十回も繰り返すことで強いワイヤーに仕上がるのです。

要点BOX
- ●溝付きのロールで形をつくっていく
- ●ピアノ線のように細い線から構造部材の太い棒まで多種多様

線材圧延機

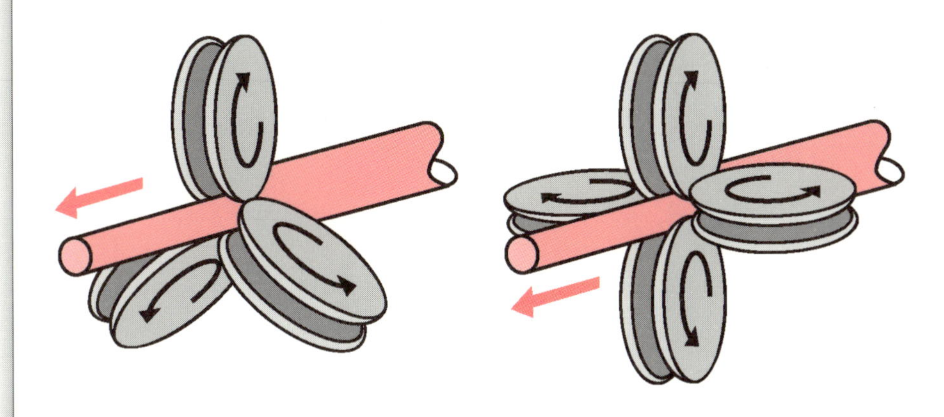

ステルモア冷却

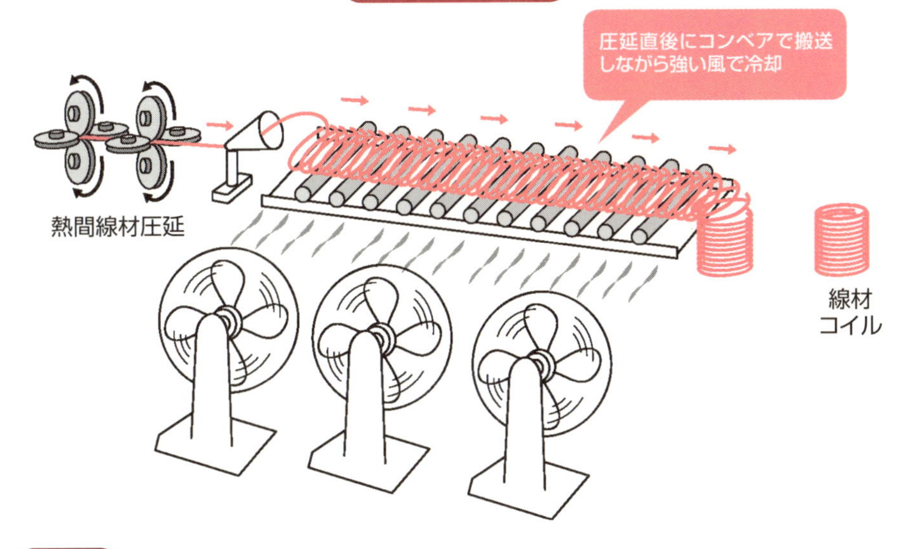

用語解説

線材圧延：スチール線をつくるために、溝を掘ったロールの間で圧延する。一回の圧延ではわずかしか細くならないため、何十回も圧延する。2本のロールではさんだだけではきれいな丸にならないので、最後は3，4本のロールで形を整えることもある

ステルモア冷却：圧延後の線材を強い風で冷却して強度と延性を高める方法。パテンティングと呼ばれる硬鋼線やピアノ線に用いられる熱処理を圧延直後に行う方法のひとつ

22 箔の圧延

金属はどこまで圧延で薄くできる？

圧延によってどの程度まで薄い金属箔を生産できるかは、圧延技術にとって永遠の課題のひとつです。圧延では材料が軟らかいほど、また圧延機のロールが細いほど薄くまで仕上げることができます。しかし金属を薄くしていく過程で、材料は加工硬化という現象によって硬くなりますので、圧延機はより大きな荷重を受けることになります。

そうすると細いロールほど曲がりやすいため、それを抑えるには多数のロールで支持することが求められます。またロール全体を支える圧延機自体も、荷重に対して変形しにくい（剛性が高い）構造にする必要があります。

そのような圧延機の代表が、ゼンジミア式圧延機と呼ばれるものです。材料を加工するためのロールは2本（一対）ですが、それを支えるロールが18本も備えられていて、それを支える内部をくり抜いた箱型構造体も変形しにくい構造になっています。

しかし、いくらロールが曲がりにくくなるように支持したとしても、細くて長いロールは大きな荷重を受けると完全に曲がりを抑えるのは困難です。そのため箔用の圧延機は、幅の広い材料を圧延するのを苦手にしています。金属箔は最終的にリボンのような狭い幅に切断（スリットという）され、製品になることが多いのですが、幅が広い金属箔を圧延できれば、1つのコイルからより多くのスリット材を得ることができる点で有利になります。

その他に箔圧延で問題になるのは、箔材を巻き取っている途中でしわが寄ったり、圧延中に破断したりすることです。そのため、しわ伸ばしのためのローラーや、圧延する速度が変化しても箔材に一定の張力を付与するための張力制御装置も重要な役割を果たします。また、箔材が凸凹な形状になると破断しやすいため、箔の形状を測定しながら平坦に制御する形状制御も大事な要素となっています。

要点BOX
- ●細いロールを支持する構造が必要
- ●幅広い材料の圧延は少々苦手
- ●巻き取りにも細心の注意を

ゼンジミア式圧延機

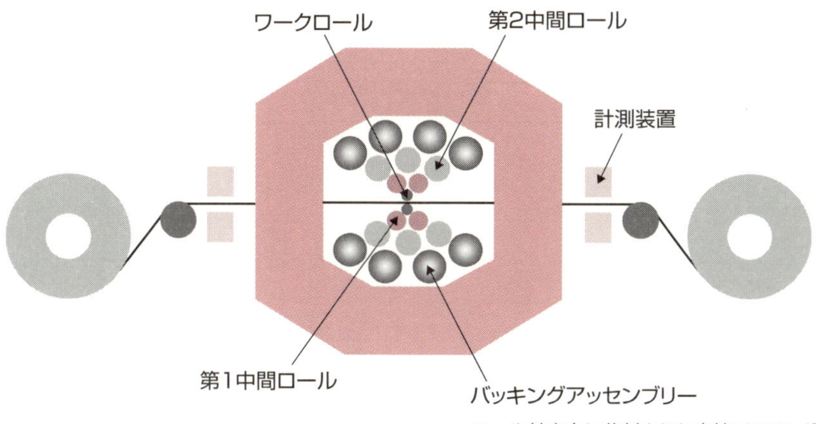

ロール軸方向に分割された支持ベアリングの軸心位置を変位させることで、ロールのたわみを制御できる

上下ロール群の正面図

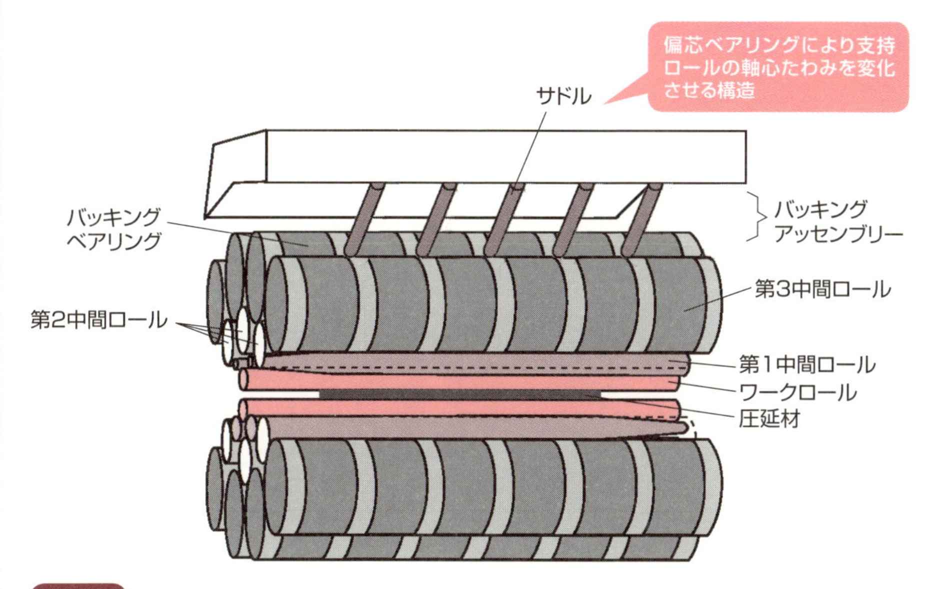

用語解説

ゼンジミア式圧延機：1930年代にK.T.Sendzimirにより開発された20段圧延機。材料を加工するロールの直径は50mm前後と小さい。最も外側で支えるロールは、幅方向に分割されたローラーベアリングのような構造であり、個別に押し込むことでロールのたわみを補償する

23 つくったものを測る技術

高速で搬送されるものを非接触で測る

圧延によってつくり込む製品が、目的とする性能を持っているかどうかを測る技術は、品質を保証する上で大変重要です。測定項目としては、温度や板厚、板幅などの寸法、キズなどの欠陥があります。

このうち温度は、鋼材の強度や変形性能を決めるために重要な熱間圧延の操業条件です。例えば、目的とする金属組織を得るために、スラブを何℃まで加熱するか、粗圧延や仕上圧延を何℃で行うか、その後、何℃まで冷やすかという操業条件が細かに決められていて、実際にその条件に収まっているかを管理（確認）しています。一般に、熱間圧延中の鋼板温度は放射温度計で測定します。鋼板の表面から出てくる赤外線エネルギーを測定し、表面温度に換算するものです。

製品の寸法を測定するセンサーも、いろいろあります。例えば、板厚はX線を用いて測定します。鋼板幅方向中央でX線を垂直に照射し、その透過光の強さから板厚に換算します。より板厚が厚い鋼板の厚さは、波長が短く、鋼板を透過しやすいγ線を用いて測定します。また製品の形や表面キズなどは、カメラで撮った画像データ処理で確認します。

これらの測定は、ほとんどが製品に直接触れずに行います。大量に生産される鉄鋼製品は高速で搬送されるため、いちいち搬送を止めて寸法を測るわけにはいかないのが理由です。

加熱中のスラブの温度などは、加熱炉の中に温度計を持って行って測るわけにもいきません。そこでセンサーを設置できないような場合は、解析モデルを用いた計算などを用いて温度を予測しています。

これらのセンサーは高温・高湿であったり、振動が激しかったりする厳しい環境に設置されることが多々あります。それらには、測定の信頼性のほかに壊れにくいという耐久性、すぐに取り替えられるようメンテナンスのしやすさが要求されます。

要点BOX
- ●温度は最も大事な管理項目
- ●寸法や表面は電磁波や画像などでチェック
- ●過酷な測定環境に耐え得る信頼性

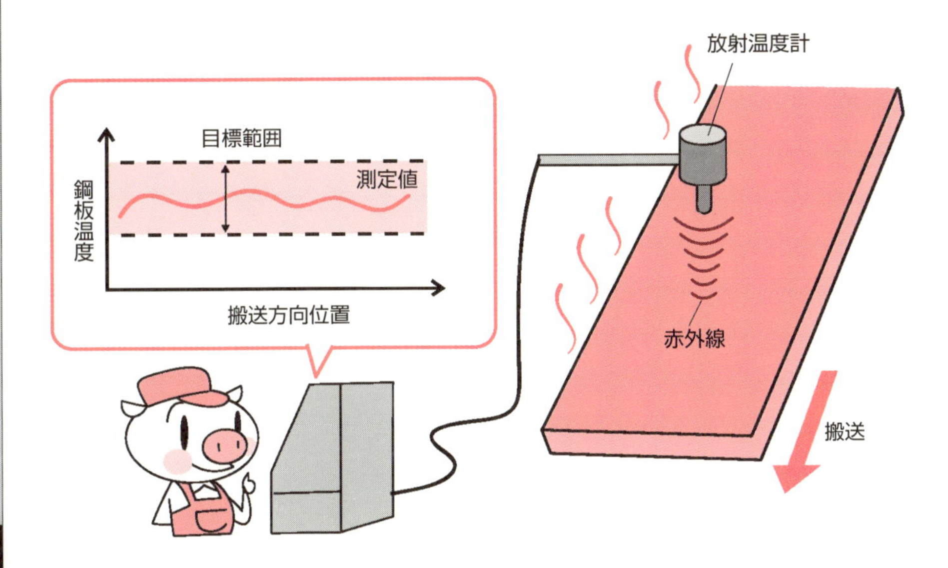

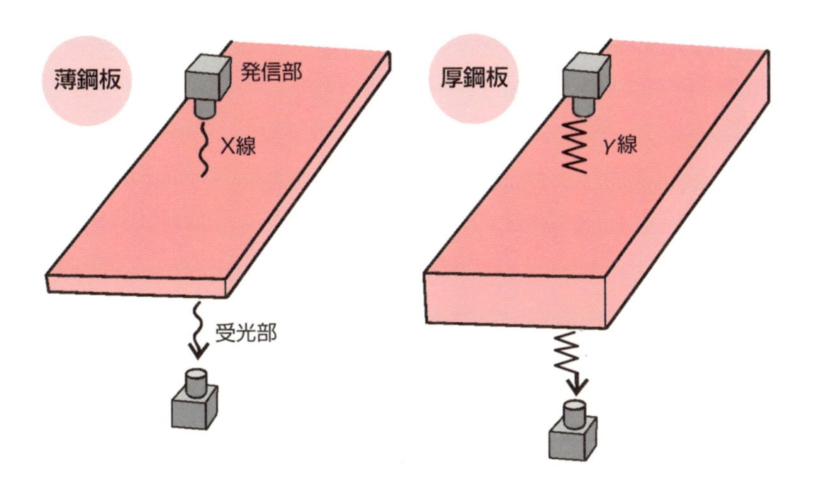

用語解説

電磁波を使った板厚測定：電磁波（X線、γ線）が対象材を透過する際に減衰する性質を利用した板厚計。高速走行中の鋼板の厚さを非接触で連続的に測定できるのが特徴

放射温度計：物体から放射される赤外線や可視光線の強度を測定して温度を測定するもの。測定する温度域によって使用する素子が異なる。最近では面温度分布も測定できる装置がいろいろな分野で使われている

24 鉄は熱いうちに圧延しろ

熱間圧延ではスラブを加熱する技術が必要

連続鋳造によって固められたスラブを圧延する前には、材料を高温に加熱するための加熱炉が用いられます。特に、次々と鋳造されるスラブが自動送り装置で炉の中を連続的に移動していくため、連続式加熱炉とも言います。

加熱炉は、断熱材の壁が周囲に張り巡らされて熱を逃がさないようにつくられており、バーナーでガス燃料を燃やしてスラブを1200℃程度に加熱します。スラブは20t程度の重くて分厚い板のようなものですが、炉の中でよく加熱できるように耐熱合金の台座の上に載せ、ウォーキングビーム方式というスラブを順送りする機構で炉内を一方向に送って加熱します。炉の入口に入れたスラブが反対側の出口から次々と出てきますが、圧延機の持つ毎時500tを超える処理能力には追いつきません。通常、圧延機には3基程度の加熱炉が必要になります。

加熱炉でスラブを加熱するには、微妙な火加減が必要です。あまりに熱しすぎると溶けたり、酸化して目減りしたりします。温度が低いと材料が硬いため、圧延する際の荷重が大きくなって圧延に必要な電力が増加したり、場合によっては硬すぎたりして圧延できません。また加熱炉での効率が悪いと、燃やした燃料から二酸化炭素がたくさん出ます。

日本では、過去の石油ショックから省エネルギー技術が盛んに開発され、加熱炉でも燃焼制御という効率の良い燃焼を行う自動制御システムが発達しました。これにより、燃料や空気の量を適切に制御して無駄を防いでいます。

最近では蓄熱式バーナーという効率の良いバーナーも開発され、利用されています。これは燃焼を終えた排気ガスでセラミックの蓄熱体を温め、その熱で燃料を燃やす空気を温めることで、排気ガスの熱を有効利用するものです。燃料を効率的に使うことで、二酸化炭素の排出量削減にも貢献しています。

要点BOX

- スラブを圧延して薄くするには、1,200℃程度に加熱するのが一般的
- 加熱には省エネルギーに優れた炉が必要

ウォーキングビーム搬送式加熱炉

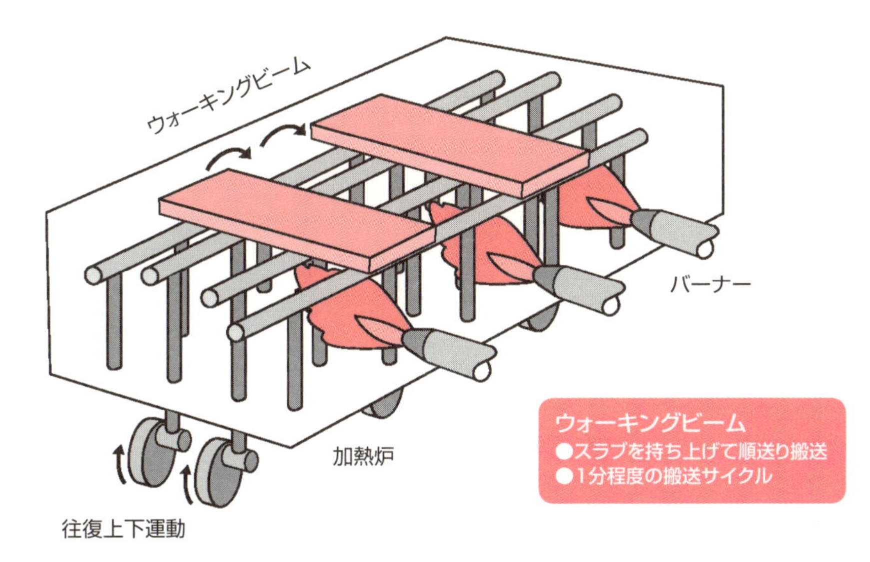

加熱炉から抽出したスラブ

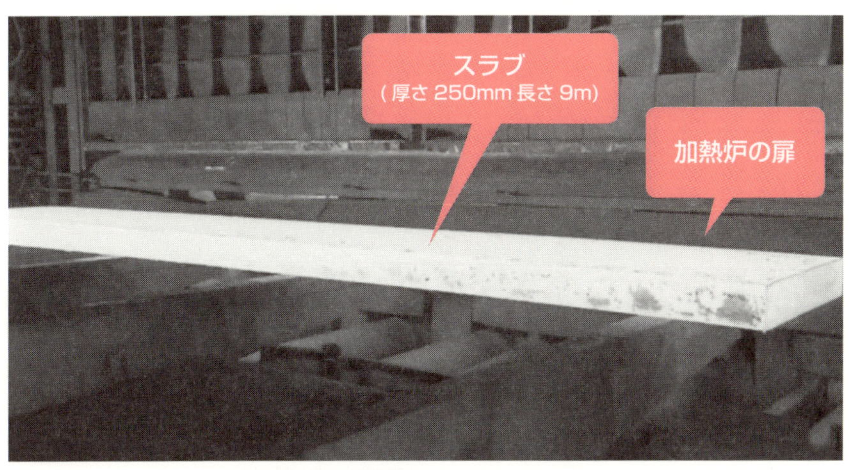

1,200℃に加熱され、抽出したスラブ

用語解説

燃焼制御：スラブは、炉内で可燃ガスや重油を燃やして加熱される。高効率で加熱するために、燃料や空気の量(比率)を適切、かつ自動で設定する制御を燃焼制御という。日本の技術は、オイルショックの経験などにより世界一のレベル

蓄熱式バーナー：鉄やアルミなどを加熱する炉で使うために、最近開発された省エネルギー用のバーナー。人が呼吸するように燃焼と排気を繰り返すバーナーであり、排気ガスの熱を吸収して燃焼用の空気を予熱する蓄熱機構を持つ

25 コイラーは高速巻き取り名人

鉄のトイレットペーパーをつくる

圧延された鋼板は、コイラーと呼ばれる装置でコイル形状に巻き取られています。コイルの内径はφ0・7〜0・8m程度、外径はφ1・5〜2m程度、板幅は最大2m強、最大重量は約45t程度と、まさに巨大な〝鉄のトイレットペーパー〟と称してもいいような形状です。

コイラーは、圧延機より毎分数百m（熱間圧延）、数千m（冷間圧延）の速度で水平方向に進入してくる鋼板をセンタリングするガイド、鋼板の進路を斜め下向きに変更するピンチロール、巻き取りの回転中心となるマンドレル、そして鋼板を安定的に巻きつかせるためのラッパーロールなどの各機構により構成されています。

安定した巻き取りを実現するため鋼板の最先端部より数巻きは、ラッパーロールによる押力で保持しています。その後はラッパーロールをコイルから離反させ、圧延機、ピンチロール、マンドレルの速度を適切に制御して巻き取りを行います。この際、鋼板がたるまないように、ラッパーロールやピンチロールの速度は鋼板速度に対して10〜20％程度速く回転させ、巻き取り時の張力を一定に維持するためのマンドレルトルク制御が行われています。

全長の巻き取りが終わると、コイルはコイラーより抜き出され、外周の緩み防止のためのバンドが掛けられます。そしてコイル番号が側面に印刷され、コイルの保管庫であるコイルヤードに搬送されます。マンドレルには、径が拡大・縮小する機構が備えられ、コイルの抜き出しをしやすくしています。

実際、紙のトイレットペーパーは、広幅状態で巻き取られた後に所定の幅に切断されるため、側面は段差なくきれいに揃っています。しかし、鉄鋼のコイルは1本ごとに巻き取っているため、ガイドによる拘束や巻き取り張力制御など、テレスコを生じさせないための技術が適用されているのです。

要点BOX

- ●コイルの外径は最大2m、最大重量は45t程度
- ●緩みやずれがないようきれいに巻き取る
- ●回転速度、トルク、鋼板の張力などを制御

コイル形状

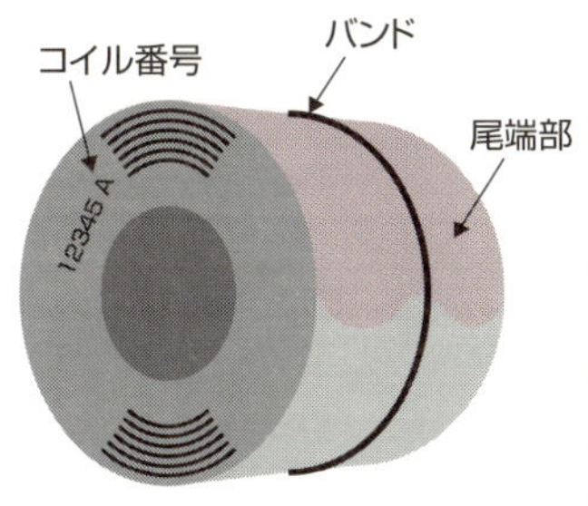

コイルヤード
（次工程での処理や製品として出荷されるまでに
コイルを保管する倉庫）

コイラー設備の概要

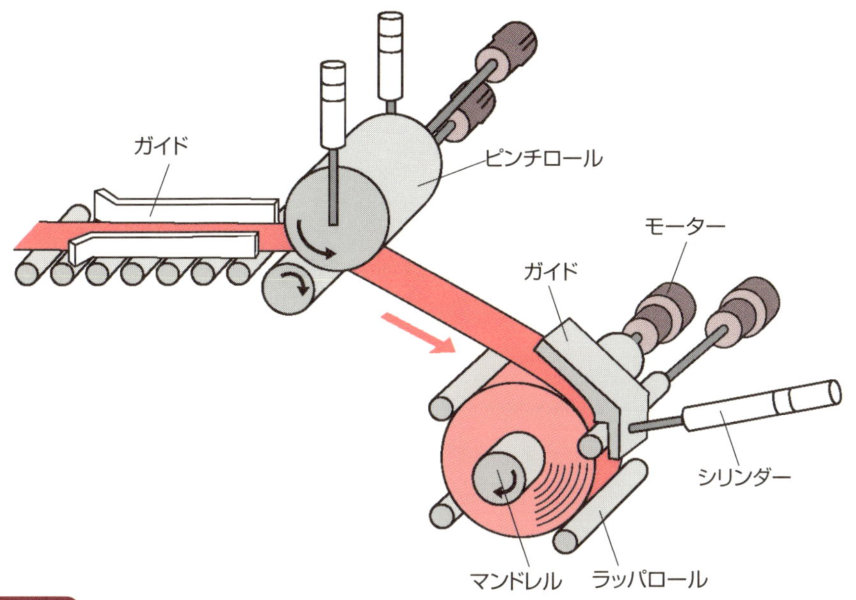

用語解説

テレスコ（テレスコープ）：鋼板がコイラーで基準位置より横にずれて巻き取られたときに発生するコイル側面の凹凸形状。望遠鏡のような形をしているためそう呼ばれている

マンドレルトルク制御：マンドレルモーターの発生トルクが、入力したトルク指令値と一致するように、電流量を制御すること。巻き取り進行によってコイル径が増大（回転物の重量が変化）するのに応じてトルクを制御している

26 圧延機を回すモーターは力持ち

圧延は大量の電力を消費する

材料を圧下・伸延するための動力は、圧延機のロールに連結したモーターの駆動によって与えられています。モーターのパワーは、速度（回転数）と圧延トルクの積によって決まります。したがって圧延機に大きな力をかけ、しかも高速でロールを回し続けるには、非常に大きな電力が必要となるわけです。

そんな圧延機のモーターのパワーはどの程度必要でしょうか。薄板の熱間仕上圧延機では1万kW、厚板の圧延機では1・5万kWもあります。ちなみに、新幹線のぞみ号の車両（運転室がある車両を除く14両）には、それぞれ300kWの出力のモーターが4基ついており、1編成で1・7万kW、圧延機の出力とおおよそ同じになります。

薄板、厚板、形鋼など各種圧延機が揃う製鉄所では、新幹線が何本も走っているのと同じように大量の電力を消費していることになります。そして製鉄所では、高炉などで発生する燃料ガスで自家発電を行い、必要とされる電力のほとんどを自前でまかなっています。

圧延機のモーターと電車のモーターには、共通点があります。それは精密な速度制御、すなわち回転制御が要求されることです。特に熱間圧延では圧延材全長の材質を均一につくり込むため、圧延機の速度制御を高精度で行い、仕上圧延終了時の材料温度を一定に制御する必要があります。

昔の圧延では、直流モーターの電圧を制御して回転数を変えていましたが、ブラシや整流子のメンテナンスが必要で、回転速度にも限界がありました。そこで、交流モーターに加える周波数や電圧の制御により、回転数を可変にするインバータ技術が生まれました。

このように圧延機や電車のモーターで開発し蓄積してきた可変速技術が、現在のハイブリッド車などのモーターの開発につながったとも言われています。

要点BOX
- 圧延機には、電車などと同様に精密な速度制御が要求される
- 制御には交流モーターの可変速技術が役立つ

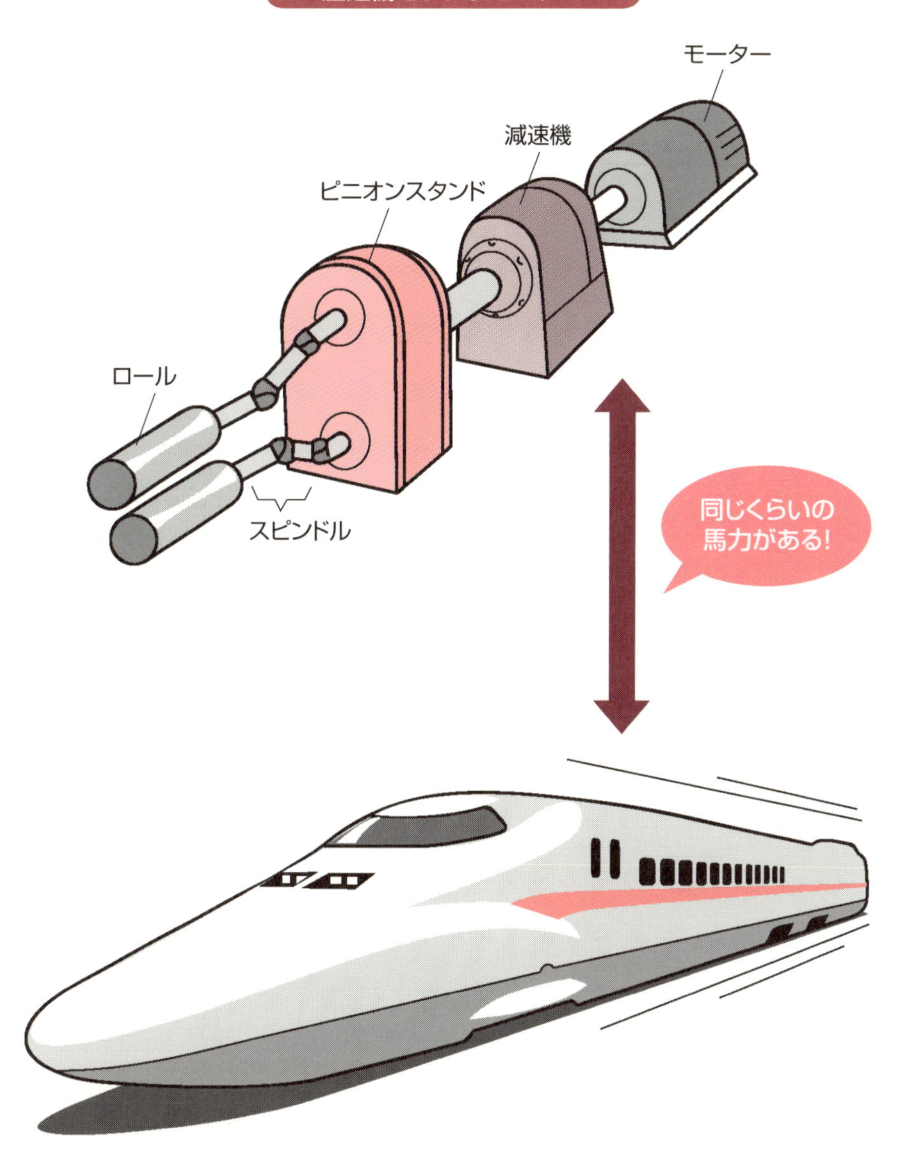

のぞみ号16両編成のパワーは17,000kW

用語解説

圧延トルク：圧延中にロールに生じる圧延荷重に打ち勝ってロールを回転させるには、圧延トルクが必要である。圧延トルクはロールの回転軸に関するモーメントと定義され、圧延荷重に比例する

27 鉄を斬る工程

圧延中に必要な先端部の切断

多数の圧延機を設置した圧延ラインでは、圧延の途中で先端部の形状が凸型や凹型になることがあります。これがひどくなると、次の圧延機にうまく通らないトラブルが発生します。そこで、先端部を切断する装置を圧延ラインの途中に設けています。

熱延ラインでは、仕上圧延スタンドの前にクロップシャーと呼ばれる切断機があります。代表的な装置は、圧延材の上下に2つの回転するドラムを備え、このドラムの外周に切断用の刃をつけています。ドラムが回転すると、上下の刃で圧延途中の厚さ30～60㎜程度の板の先端がはさまれて切断され、先端がまっすぐな直線状になります。こうしたハサミのように、上下の刃ではさんで切断する方法はせん断と呼ばれます。刃が回転しながら近づいていく点がハサミと違いますが、切断の原理は同じです。

一方、クロップシャーのような回転式ではなく、ハサミのように上下に移動する刃でせん断する方法も使われています。厚板を製品寸法に切り出すせん断装置は、巨大なギロチンのような切断機です。

形鋼圧延では、粗圧延後に端部が不均一に伸びているため、これを次の圧延機に送る途中で切断する必要があります。熱延ラインのように上下からはさみ込む方法で切断すると、形鋼の断面形状がつぶれて変形してしまいます。そこで、形鋼の圧延ラインでは、巨大な丸鋸で端部をカットします。この切断機をホットソーと呼びます。

ホットソーは手に持って使用する電動工具と似たような装置ですが、大きなものは刃の直径が2mほどという超大型の丸鋸です。この刃を回転させて、高温の形鋼の先端を切り取ります。また、ホットソーは圧延が終わった後の形鋼を、注文された製品長さに切断するのにも用いられます。

このように鉄を斬る装置も、身近なモノを切る道具と同じ原理が使われているのです。

要点BOX

- ●圧延中のトラブルを防ぐため、途中で端部を切断することがある
- ●切断にはせん断や丸鋸などを使用

ドラム式クロップシャーでの先端部切断

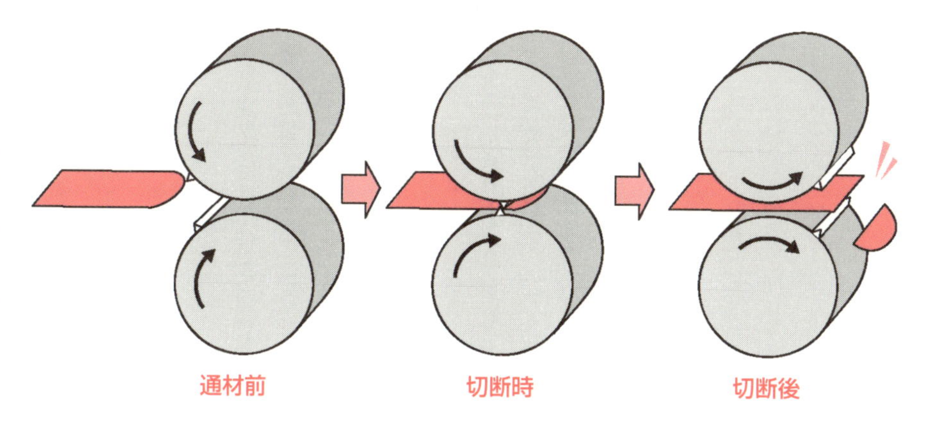

ドラムについた上下の刃が回転しながら板の先端をはさんで切り落とす

ホットソー

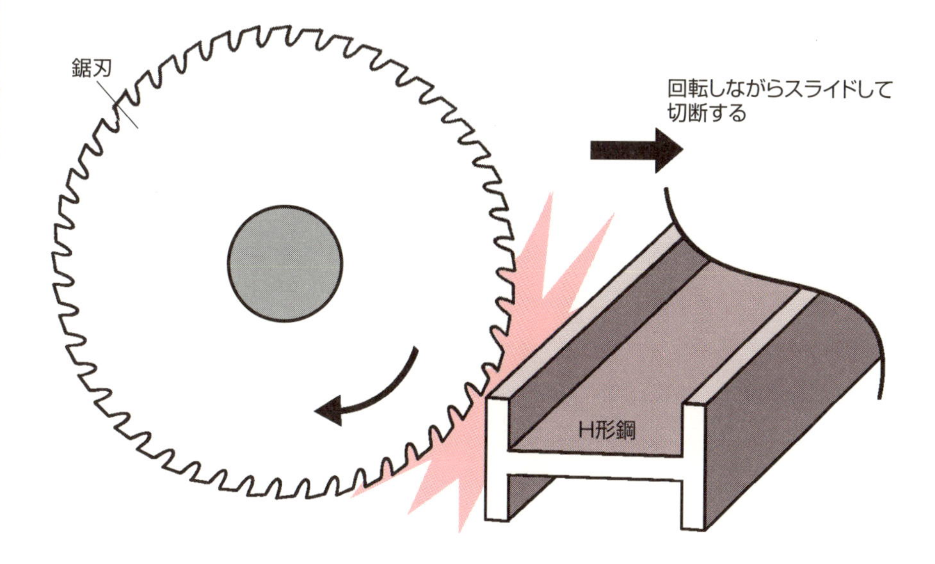

用語解説

クロップシャー：ドラムが回転するドラム型のほか、クランクで刃を圧延方向に移動しながら閉じるクランク型などがある
ホットソー：巨大な丸鋸が水平方向に移動して形鋼を切断する装置。切断中に大きな火花が出るため、周囲を囲むカバーが備えられている

28 アルミニウムの圧延

表面光沢を制御する

アルミニウムの圧延は、鉄鋼材料とは異なる特徴があり、圧延設備も独自の工夫がなされています。

アルミニウムの融点は鉄などに比べて低いため、熱間圧延は300～600℃程度の温度で行われます。熱間圧延機では一般に板厚2㎜程度まで減厚していきます。ただし、純粋なアルミニウムと、マンガンやマグネシウムなど他の金属が混ざっているアルミ合金では、強度が異なるため圧延荷重も10倍程度変わるのです。このときロールのたわみが大きく変化するため、形状制御の能力が高い圧延機が必要となります（詳細は第4章で述べます）。

また、アルミニウムは基本的に酸化されやすい金属であるため、圧延ロールに酸化物が付着していきます。このコーティング状態を一定に維持するのが、良好な表面性状を得るために必要です。そこで、回転ブラシによって削るなどしながら、ロール表面の状態を制御します。

アルミ箔の製造では、冷間圧延によって板厚0・1㎜以下まで薄くした後に、アルミ板を2枚重ねにしてさらに圧延が行われます。これは、圧延中に板よりも外側のロール同士が接触（キスロールという）して、減厚が阻害されるのを防ぐためです。これによって厚み15～20㎛と非常に薄いアルミ箔を製造することができます。

なおアルミ箔は通常、片面が金属光沢をして、反対面は梨地になっています。2枚の板を単に重ね合わせただけでは板の表面状態は変化しませんが、これを圧延すると重ね合わせた面でミクロな自由変形が生じて凹凸が発生し、梨地状の面に変化します。

一方、圧延ロールと接触する表面は、非常に平滑に仕上げられた面が板にも転写されるため、極めて平滑な面となって金属光沢が現れます。このような圧延方法により、アルミ箔の表と裏では外観の違いが生じてくるのです。

要点BOX
●家庭用の包装材として身近に使われる
●アルミ箔の表と裏で光沢が違うのには理由がある

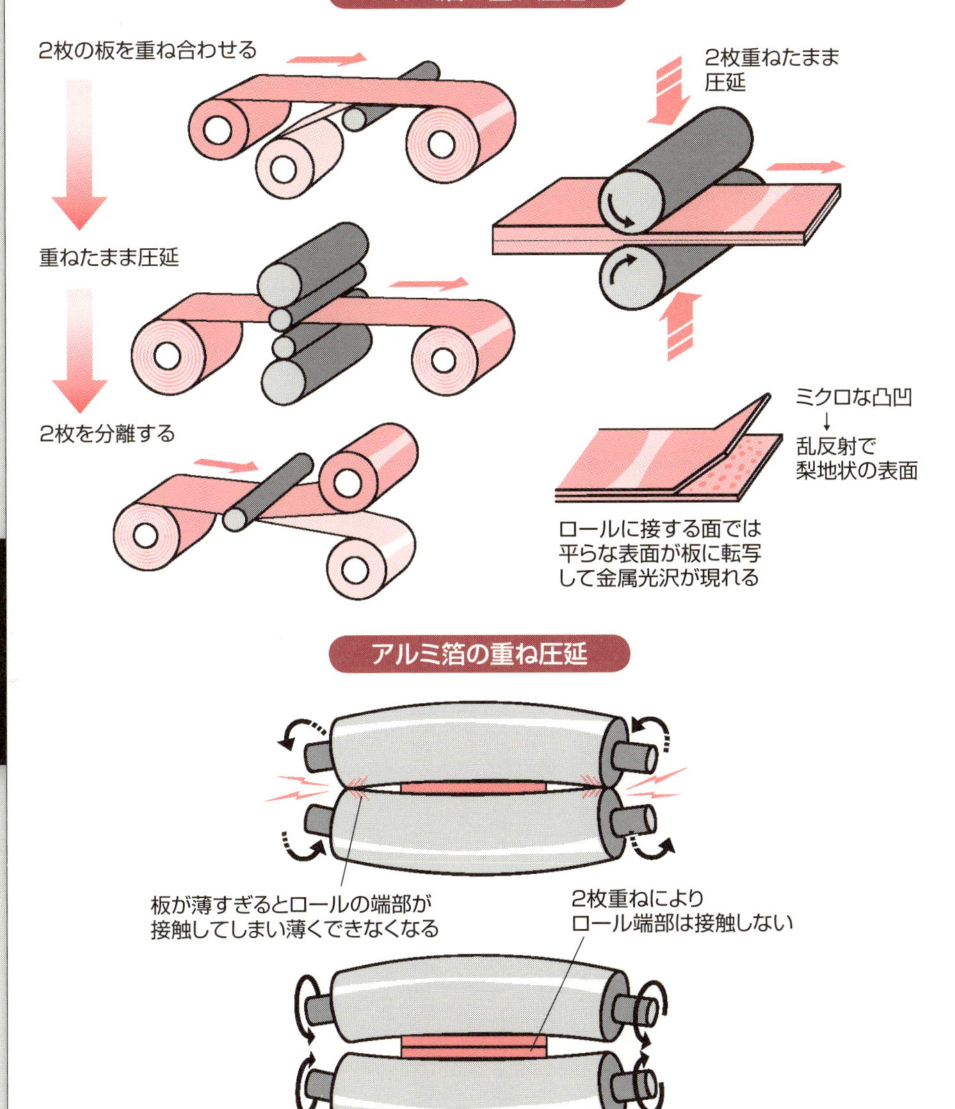

用語解説

ロールコーティング：圧延中のロール表面に、アルミニウムやその酸化物が圧延材から移着して薄膜を生成する挙動

アルミ箔の光沢：箔圧延のロール表面は研磨によって鏡面仕上げがなされ、ロールと接触するアルミ表面もピカピカな表面に仕上がっている。しかし、アルミ同士の接触面では種々の方位を持つ結晶粒が比較的自由に変形し、ミクロな凹凸が形成され、光の乱反射によって梨地状の外観になる

29 銅の圧延

機能材料として活躍する

銅を圧延する圧延機は、基本的には鉄鋼やアルミニウムと同じ様式のものが使用されます。ただし、銅は導電性などの特性を利用し、機能材料として使用される場合が多いため、酸化物などが特性に影響を与えやすく、表面の不純物に対する対策が重要です。

銅の熱間圧延の加熱温度は700～1000℃で、複数パスの圧延によって元厚数百㎜から10～20㎜まで減厚されます。その後、面削機で板の表面を削る工程が含まれるのが特徴です。熱間圧延中に表面に析出した不純物や硬い酸化膜を冷間圧延前に除去するためです。

その後の冷間圧延も複数の工程から構成され、粗圧延機、中延圧延機、仕上圧延機を経て製造されます。使われる圧延機の形式も、板厚が薄くなるに従って、4段式圧延機から6段、12段、20段のようにワークロール径が小さい多段式圧延機が順次適用されます。電子機器材料として用いられる銅の板厚は0・1～0・5㎜程度と薄いため、冷間圧延・焼鈍・酸洗を繰返しながら、所定の厚みまで圧延していきます。

なお、リチウムイオン電池は負極に銅箔、正極にアルミ箔が使われており、いずれに対しても箔圧延の技術が活かされています。

一方、単なる板状の形状だけでなく、異形断面を持つものも圧延で製造される場合があります。これは、主にパワートランジスタのリードフレームに使われるもので、厚い部分にチップが搭載され、薄い部分がリード部となります。

銅は普通鋼に比べて2倍の熱伝導率を持つため、機器内部で発生する熱を効率良く放散させる働きをしています。このような目的で使う部品をヒートシンクと呼んでいます。最近では熱伝導性に優れる銅と、熱膨張率の小さいクロムやタングステンなどとの複合材料が、電子機器の性能向上に役立っています。

要点BOX
- ●表面を削ったり、圧延と熱処理を繰り返したりして製品になる
- ●銅箔はエレクトロニクス製品には不可欠

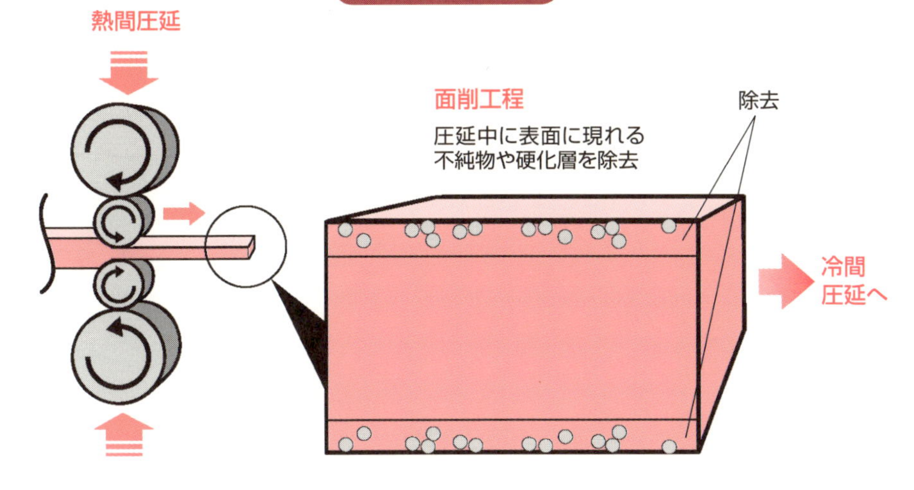

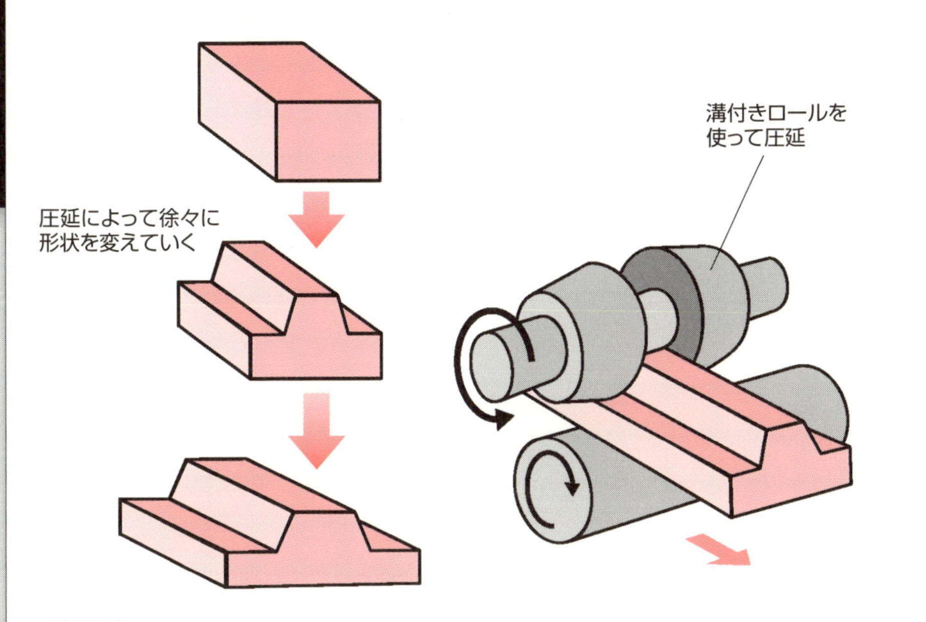

用語解説

面削：熱間圧延後に板の両面を削り、鋳造や圧延で生じた表面欠陥を除去するのが銅の圧延の特徴（鉄の場合は酸で溶かす）。両面を削るときの平行度が、その後の冷間圧延の出来を左右する

ヒートシンク：半導体で発生する熱を速やかに外部に逃がすための放熱器。熱伝導性の良い金属が使われることが多く、フィンなどを形成して表面積を拡大し、放熱特性を高める工夫がなされている

Column

粉や木も圧延できる?

粉状の金属や鉱石、そして食品や医薬品などに圧縮力を加えて固体状に固める方法を、圧縮造粒法と言います。

圧縮造粒法には、密閉した型の中に粉体を充填して圧縮するタブレッティングと、回転する一対のロールの間で粉体を効率良く圧縮するロールプレス法があります。製品例としては、前者に薬の錠剤や、後者に石炭や肥料などがあります。

ロールプレス法は一見、圧延加工と同じようにも見えますが、圧延は延伸性のある物質を「つぶして伸ばす」加工法であるのに対し、ロールプレス法は「ロールで圧縮して成形する」だけの方法であり、両者は物理的にはまったく異なる現象なのです。

ロールプレス法は、さらに2つに分類されます。1つ目はブリケッティングと呼ばれる方法で、表面に溝加工を施したロールを用いてブリケットを成形するものです。成形後は、大きさ数㎜~数㎝で、碁石やアーモンドなどの形状をしたものになります。2つ目は表面が平滑な、または波形状をしたロールを用いて粉体をフレーク(薄片)状に成形する、コンパクティングという方法です。いずれの方法においても、材料である粉体はいったんロール上のホッパー内に装填された後、回転するロールの間に連続的に供給されます。ちなみに、製鉄所では粉状の石炭を固めてコークスの原料とするために、ブリケッティングを行っています。この際、バインダーと呼ばれる接着剤を混ぜることにより、成形後の石炭がボロボロと崩れないようにしています。

そのほか、面白いところでは木材のロールプレス加工も行われています。これはスギ、ヒノキ、アカマツなど、切って来たままでは住宅のフローリングや家具の材料として使用できない軟質木材に対し、圧縮加工を加えることで強度を高めるものです。木材は、細胞壁が空孔を取り囲むセル構造からなっていますから、ロールプレスによって空孔がつぶされると、より密度の高い組織が得られます。木材にも延伸性がありませんので、この場合も圧延とは呼べないでしょう。

第4章

圧延で用いられるテクノロジー

30 圧延条件を左右する変形抵抗とは

変形させせないように材料は抵抗している

材料に外から力を加えると、内部には元の形状を保とうとする抵抗力が発生します。これを応力(Stress)と称します。一方、外から加えた力に対して、材料が変形するときの元形状に対する変化量をひずみ(Strain)と呼びます。

このような変形量と応力の関係は材料ごとに異なり、引張試験や圧縮試験のような基礎試験から得られます。ひずみ(変形量)が小さいときは応力も小さく、外力を取り除くと材料は元の形状に回復し、これを弾性変形と言います。しかし、降伏応力という材料固有の応力に達すると塑性変形が始まり、負荷を取り除いても永久ひずみが残ります。圧延を含む塑性加工は、この塑性変形を利用して材料の形状を変化させる技術です。

塑性変形が始まると、ひずみの増加とともに応力、つまり材料の抵抗力が大きくなります。これは加工硬化と呼ばれ、金属内部の原子が相互にずれることと関係しています。そのため、圧延で大きな変形をさせるためには、このような加工硬化に打ち勝つ大きな力を必要とするわけです。このような塑性変形が生じる領域での応力を、変形抵抗と呼びます。変形に抗する抵抗力というわけです。

変形抵抗は金属材料ごとに固有の値をとりますが、材料の温度や変形の速さ(ひずみ速度)によって変化します。すなわち温度が高いと材料は軟らかくなり、変形速度が大きいほど(衝撃的であるほど)変形抵抗は大きくなる性質を持っています。熱間圧延では粗圧延から仕上圧延にかけて、温度が低下しながら速度が速くなるため、変形抵抗も徐々に増加していくのです。

圧延では材料の成分ごとに異なる変形抵抗が、温度や速度の変化に応じて時々刻々変化するのに対応して、加工条件を修正しながら所定の寸法精度を得ていきます。

要点BOX

- 金属材料の応力ーひずみ関係は材料固有の特性であり、温度や加工速度によって変化する
- 塑性加工でその特性を変形抵抗と呼ぶ

変形抵抗

変形抵抗とは

外部から加えた力に対して、材料が元の形状を維持しようとする抵抗力のこと

実際の塑性加工では

材料の変形過程と変形抵抗から内力を推定して、外部から加えるべき加工力を予測する

応力―ひずみ関係

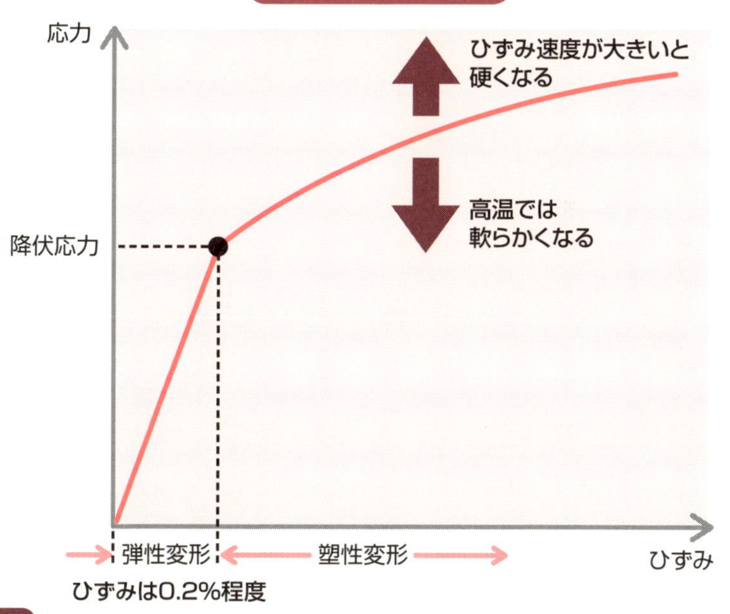

用語解説

応力：応力は単位面積当たりの力で表される。しかし材料内部に働く力であり、厳密には任意の面を想定し、その面に対する力の方向と大きさによって特定する。その面に垂直な力を垂直応力、平行に作用する力をせん断応力と呼ぶ

ひずみ：ひずみとは、材料に外から力を加えたときの「伸び・縮み」「ずれ・ねじれ」などの変形の割合を指す。材料内部の2点の位置関係が、変形によりどのようにずれるかを表す。また、ひずみ速度は単位時間当たりに生じるひずみであり、加工する速度が速いほど大きくなる

31 寸法精度に大きく関わる圧延荷重①

圧延荷重は車数千台分の重さに相当

材料の変形抵抗に打ち勝ち、圧延を行うために必要な力を圧延荷重と言います。圧延設備の設計や製品の寸法精度にとって重要な指標で、その大きさは正確に予測する必要があります。

圧延荷重は、材料とロールの接触面積と変形抵抗（単位面積当たりの抵抗力）の積で表せます。接触面積は材料の板幅と接触弧長の積から算出されます。接触弧長は、圧延状態を横から見て、ロールと材料の接触域を圧延方向に投影した長さのことです。厳密には、ロール間隙の形状はロール中心から見て左右非対称で、ある傾きを持っているので、圧延荷重の方向は垂直方向から若干ずれますが、接触弧長が短いときは概ね垂直方向の力で考えて構いません。

圧延荷重を精度良く予測するためには、ロールと材料にはさまれた加工域（ロールバイト）に作用する力の関係をもう少し詳しく知る必要があります。塑性変形は材料にかかる応力が降伏応力に達することで発生しますが、応力が複数の方向から作用すると、塑性変形の開始条件が変化します。例えば横方向に引張応力が付与されていると、塑性変形に必要な垂直方向の応力（圧縮応力）が小さくてすみます。逆に横方向から圧縮力が作用すると、垂直方向には大きな圧縮力が必要となります。

圧延では材料の進行方向に対し、入側と出側から張力（引張力）を付与します。張力が大きいほど塑性変形に必要な垂直力が小さくてすみ、圧延荷重を低く抑えることが可能です。しかし、後述するように、たとえ外部から張力をかけても、加工域（ロールバイト）内部では、ロールと材料との摩擦力の影響で、材料の進行方向には大きな圧縮応力が発生します。そのため、圧延荷重は進行方向の圧縮力に応じて増加します。このような摩擦力による圧延荷重の増加比を圧下力関数と呼び、種々の理論式が提案され、高精度な圧延荷重の予測に役立っています。

●圧延に必要な荷重の予測は、高い寸法精度の製品を得るために重要
●垂直方向と進行方向の応力を同時に考える

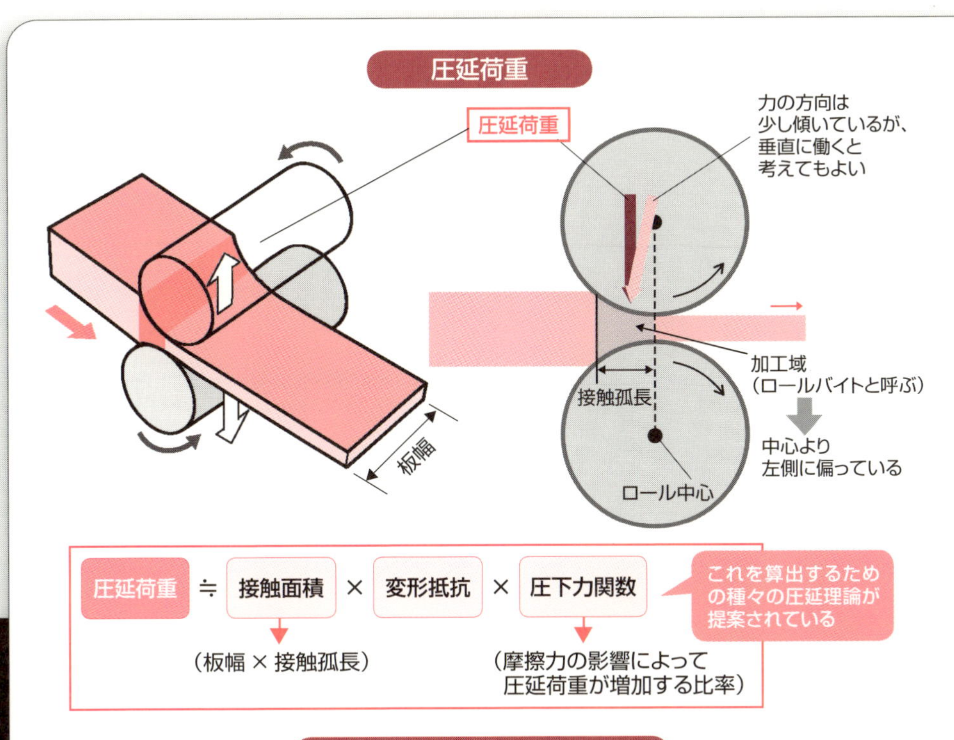

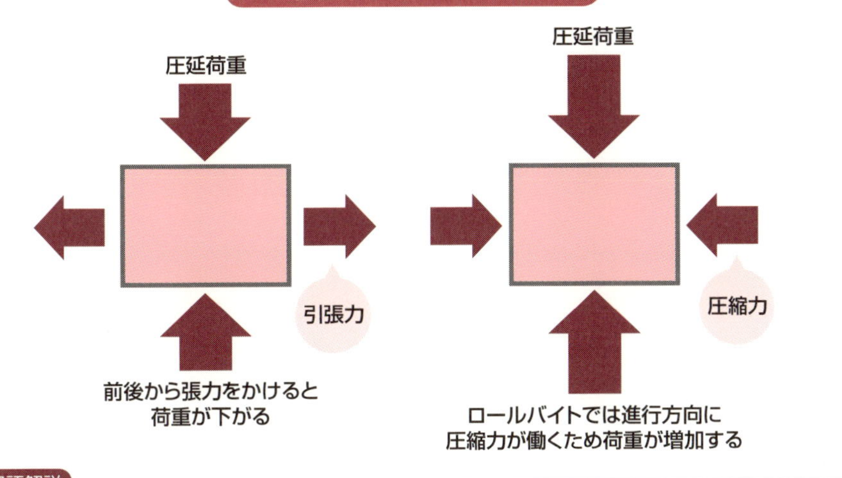

用語解説

圧延荷重：圧延中の材料にロールから加えられる外力（圧縮力）であり、その反力として圧延ロールを介して圧延機に伝達される。圧下機構に設置される荷重検出器（ロードセル）で測定される

降伏条件：単純な引張試験の場合と異なり、応力が複数の方向から作用しているときに塑性変形が開始する条件。実験結果から導出されたものであるが、ミーゼス・ヘンキーの式（せん断ひずみエネルギー説）やトレスカの式（最大せん断応力説）が代表的である

32 寸法精度に大きく関わる圧延荷重②

圧延荷重に与える「摩擦の丘」の影響

圧延中の材料板厚は、入側から出側にかけて連続的に減厚されます。圧延では板幅の変化は比較的小さく、塑性変形では体積が一定に維持される（体積一定則）ため、板厚が薄くなる分は長手方向に延伸します。つまり、材料が伸びた分だけ材料の進行速度が増加するため、ロールバイト内部では入側から出側にかけて材料の速度が増加します。

一方、圧延ロールは回転による周速が一定で、接触弧長に沿ってロールと材料との相対的な速度が変化することになります。具体的には、接触弧長の入側部分では材料よりもロール周速の方が早く、出側では材料の方がロールよりも早く進行します。このとき接触弧長の中で、ロールの周速と材料速度とが一致する点を中立点と呼びます。

中立点が重要なのは、その前後で材料にかかる摩擦力の方向が逆転するからです。摩擦力はすべり方向と反対に働きます。ロールバイト入側では材料が加工部に引き込まれる方向の摩擦力が働き、出側では材料が引き戻される方向の摩擦力が作用します。そうなると、ロールバイト内部では入側と出側の両方から圧縮力を受けることになり、塑性変形が進行するための垂直方向の圧力が増加します。このように摩擦の影響でロールバイトの中心部に向かって圧力が増加する様子を、丘に見立ててフリクション・ヒル（friction hill）と呼びます。

圧延荷重を精度良く予測するためには、フリクション・ヒルの影響を考慮する必要があります。フリクション・ヒルは圧延荷重を増加させる厄介者ですが、内部に大きな圧縮応力を発生させることで、材料が破断することなく大きな延伸を得られる秘訣と言えます。また、鋳造時に内部空隙があっても、加工中に閉塞して内部欠陥のない材料にする効果（鍛錬）が得られるのは、このような大きな圧縮応力の働きによるものです。

要点BOX

- 圧延中の材料は徐々に進行速度を上げながら加工が進む
- フリクション・ヒルと呼ばれる摩擦の丘ができる

材料速度の変化

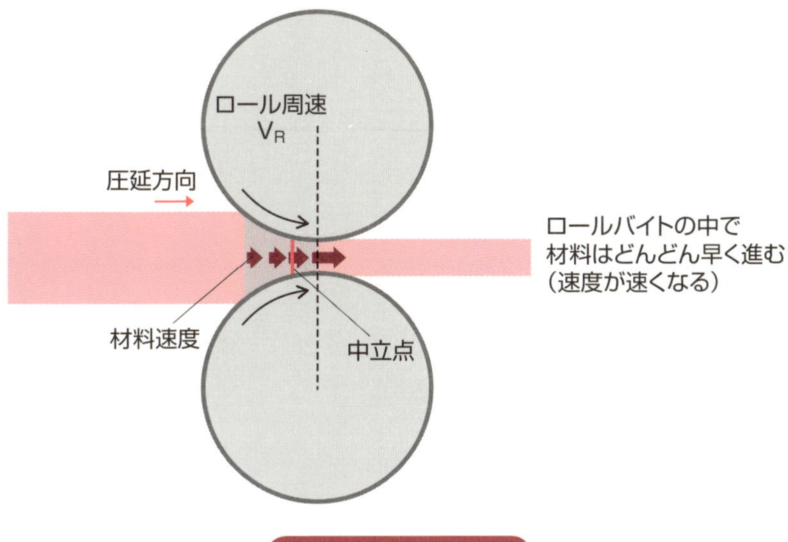

フリクション・ヒル

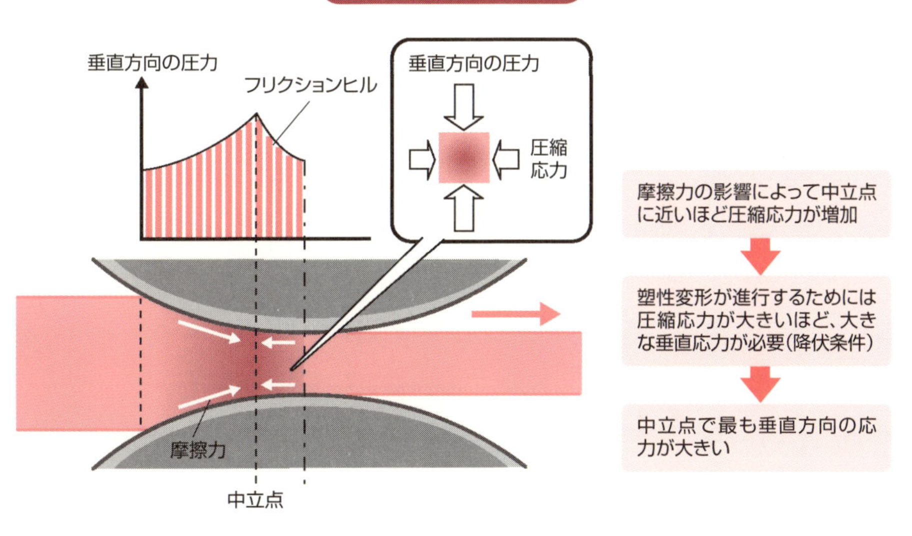

摩擦力の影響によって中立点に近いほど圧縮応力が増加

↓

塑性変形が進行するためには圧縮応力が大きいほど、大きな垂直応力が必要（降伏条件）

↓

中立点で最も垂直方向の応力が大きい

用語解説

体積一定則：塑性変形は一般に体積が一定として扱われる。気体や液体では必ずしも成り立たないが、金属材料の塑性変形は主に結晶系のすべりによって生じると考えると、ある程度妥当な仮定と言える

摩擦力：加工の進行によって材料速度が変化すると、工具との間で相対的なすべりが発生する。摩擦力はすべりを抑制しようとする方向に働く力で、変形の進行を妨害する作用がある。工具を材料に接触させて変形を加える圧縮加工では、必ず摩擦力に応じた荷重増加が発生する

33 圧延機に要求される剛性

圧延機はばねのように変形する

鉄鋼材料の圧延時に生じる最大の荷重は、熱延では5000t、冷延では3000t、板幅の広い厚板では15000tにもなります。近年、需要が高まっている高張力鋼板の圧延では、変形抵抗が大きいため圧延荷重は従来よりも増加する傾向にあります。

圧延機を構成するハウジングや圧延ロール、圧下ねじなどにはすべて鋼や鋳鉄が使用されています。このため、このような大きな圧延荷重が加わると、さまざまな部位が弾性的に変形することが不可避です。

一般に、圧延機の上下方向の弾性変形の程度を示すため、ミル縦剛性（単位：tonf／㎜：上下のロール間隔が1㎜開くのに必要な荷重）という指標が使用されます。例えば、ミル縦剛性が500tonf／㎜の圧延機の場合、1000tonfの荷重が加わると、圧延機各部の変形の総和として上下のロール間隔は2㎜も開いてしまいます。

このような圧延機の弾性変形は、圧延後の板厚精度に大きな影響を及ぼします。

一方、圧延材温度分布が板幅方向に非対称であったり、圧延材が圧延機の中心から板幅方向にずれたりすると、圧延荷重が左右非対称となり圧延機も非対称に変形します。そうなるとロール間隙が左右非対称となり、板の蛇行などのトラブルを引き起こすことがあります。

こうしたトラブルを回避するには、圧延機のハウジングを頑丈にして剛性を高めることが有効です。しかし、その一方で設備が大型化するという問題があります。

そこで、油圧シリンダーを用いた高応答の圧下装置を採用し、圧延機の弾性変形が変化すると同時に、その変形を吸収する分だけ圧下位置を瞬時に変更する技術が適用されています。これにより圧延荷重が変化しても、あたかも圧延機が変形しないような制御が可能となり、板厚精度が大きく向上しました。

要点BOX

- 圧延機が縦方向に変形するとロール間隙が広がり、材料の板厚も変化する
- 変形が左右非対称だとトラブルの原因になる

圧延機の構造

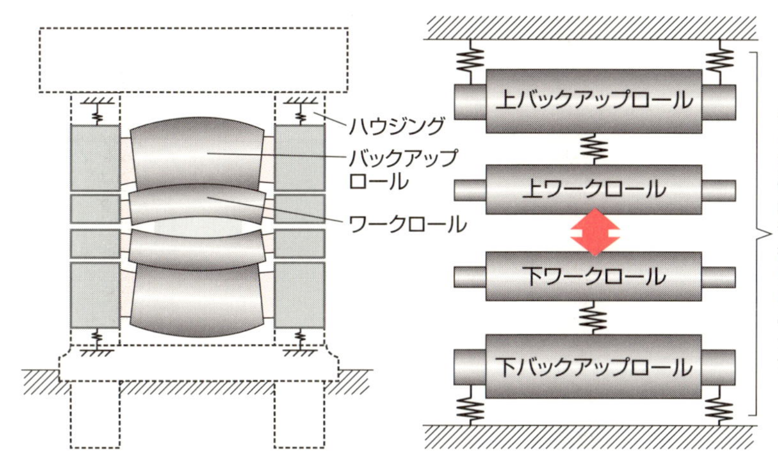

圧延材の蛇行挙動

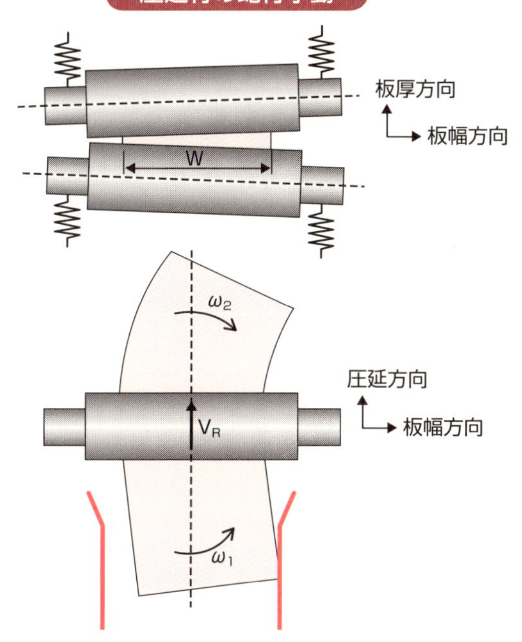

用語解説

ミル剛性：圧延機の変形特性を示す指標で、圧延機の上下方向変形に対する剛性（縦剛性）、圧延ロールのたわみ・扁平変形に対する剛性（横剛性）、左右非対称変形に対する剛性（平行剛性あるいは左右剛性）などがある

蛇行：圧延時に生じる材料の左右曲がり。蛇行がひどくなると、通板ガイドへの突っかかりや材料の2枚折れなどのトラブルが発生する。圧延ロールがダメージを受けると、ロール交換のために作業能率の低下を招く

34 板圧延での板厚制御の基礎

狙った板厚を高精度に出す

薄板の熱延後の製品長さは2㎞、冷延後の長さは15㎞にも及ぶものがあります。全長にわたってミクロン単位の高精度な板厚制御が要求されています。例えば熱延鋼板では、許容される板厚のバラツキは数十㎛、冷延のブリキ材では板厚が0・2㎜であれば数㎛程度の変動に抑えなければなりません。

それでは、圧延後の板厚がどのようにして決まるかを見ていきましょう。

まず材料の影響ですが、圧延前の板厚がH（入側板厚）であるとき、何もしなかったら圧延荷重Pは0ですが、圧延して板厚をh（出側板厚）にしようとする場合、ある程度荷重をかける必要があります。hをより薄くしようとすれば、荷重はどんどん大きくなります。これをグラフで表したものが、板の塑性曲線（塑性変形特性）です。出側板厚hを精度良く出すためには、材料がどの程度の温度でどれくらい硬いかを把握し、圧延荷重Pを正確に予測しなければなりません。

一方、圧延機では、荷重がかかったときのロール間隙が出側板厚hと同じにならなければなりません。荷重が大きくなるほどロール間隙が広がって出側板厚も厚くなるという特性をグラフで表したものが、圧延機の縦剛性曲線（弾性変形特性）です。

出側板厚hは、グラフで表した板の塑性曲線と圧延機の縦剛性曲線の交点（h, P_0）として求められます。実際には、予測荷重からロール間隙の開きを求め、圧延材が進入してくる前のセットアップではその分、ロール間隙を狭く（S_0）設定しておくことになります。出側板厚を精度良く出すためには、圧延機の縦剛性も正確に把握しておく必要があります。

また、圧延材は非常に長いため、入側板厚Hは絶えず変化しています。センサーで入側板厚を測定しながら、圧延材の全長で目標の出側板厚hにしようとする制御も行われています。

●板厚制御は圧延機と材料の変形を考慮して行う
●高速・高精度で行うことが求められている

圧延での板厚制御の原理

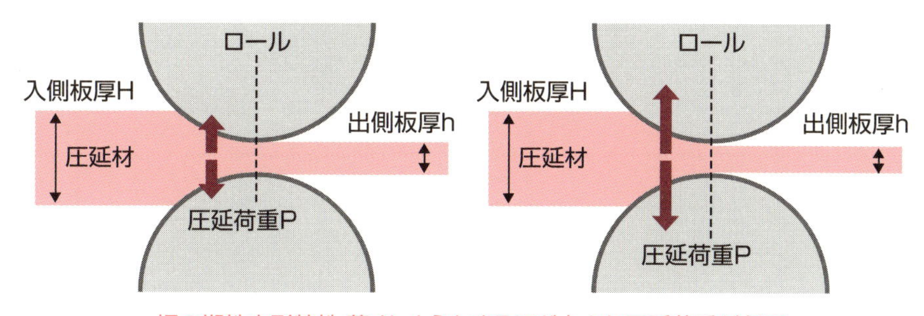

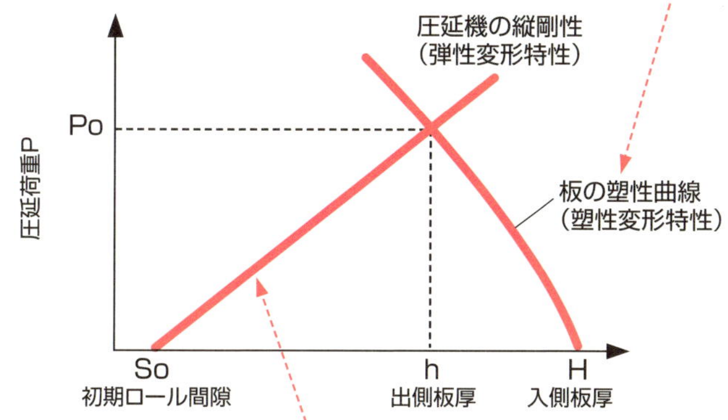

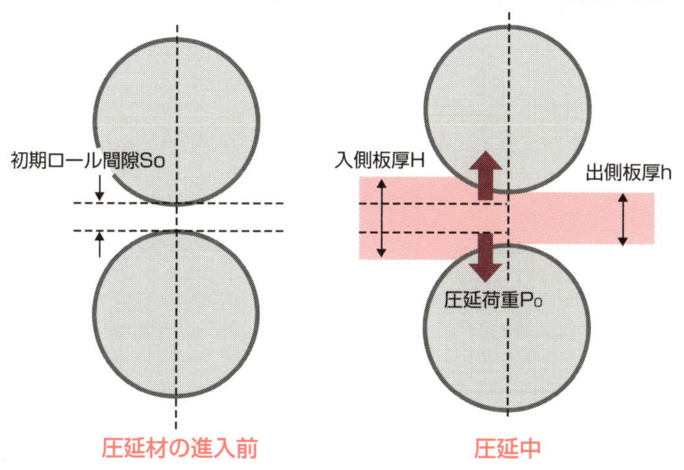

用語解説

セットアップ：圧延を行う前に、ロール間隙やロールの回転速度を計算機で算出して設定しておくもので、プリセットともいう。熱間圧延では塑性曲線が温度の影響を受けるため、材料温度の予測計算も行う

35 精密さが問われる加工

どこまでも同じ厚みを延々とつくり続ける技術

　圧延前に目標の板厚を得るためのセットアップ（設定）を行っても、材料の入側板厚や温度の変動などにより圧延荷重は時々刻々と変化します。このような変動に対する板厚制御をAGC（Automatic Gauge Control）と呼びます。高速圧延中の板厚変動は短時間の周期で発生し、ロール間隔の制御（数～数十μm）も極短周期（数～数十ms）で行うため、応答性の高い油圧制御と組み合わせるのが一般的です。

　板厚自動制御についてはいくつかの方法が開発、適用されています。最も一般的に用いられているのがフィードバック（FB）制御と呼ばれるものです。圧延機出側のできるだけ近い位置に板厚計を設置し、目標値に対する偏差がゼロになるようにロール間隙を調整します。実際の板厚を測定することで精度の良い制御を実現できますが、圧延機を出てからその部分の板厚が測定されるまでのムダ時間が制御の応答性に影響します。

　さらに、圧延機の弾性変形特性と圧延荷重の測定値を使い、圧延中の出側板厚を推定して、目標値との差がゼロになるように調整する方法（ゲージメーター制御）や、圧延機入側の板厚変動を板厚計で測定して出側の板厚変動に換算することでロール間隙を調整する方法（フィードフォワード（FF）制御）もあります。これらの手法は今まさに圧延している部分の板厚偏差が推定できるため、より短い時間で板厚を調整することが可能になります。

　また、複数の圧延機を並べて一気に板厚を薄くするタンデム圧延機では、スタンドごとのロール間隙を調整するだけではなく、ロールの回転速度のバランスを調整して板厚を制御する方法（マスフロー制御）も適用されています。熱間圧延や冷間圧延といった特性の違い、計測器の性能、圧下やロール回転の応答性などに応じて複数の自動制御を組み合わせることで、高精度な板厚制御を実現しています。

要点BOX

- ●高精度な計算モデル、測定器、制御技術により精密加工を実現
- ●厚みの変動をミクロン単位以下に抑える

板厚フィードバック制御

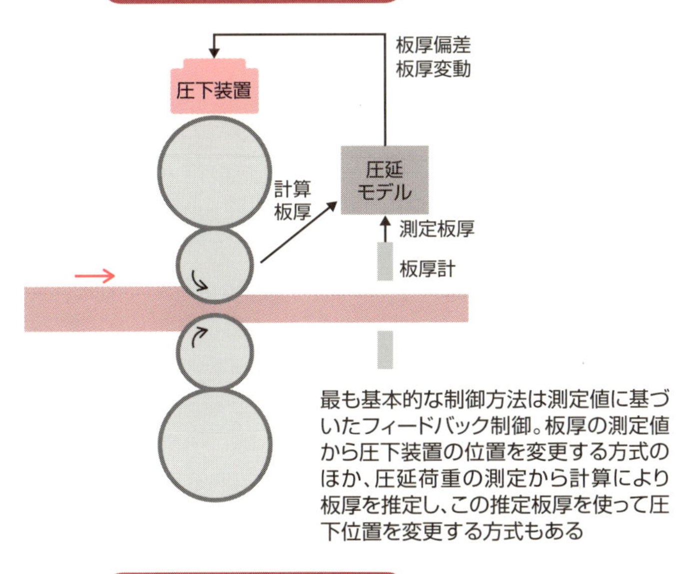

最も基本的な制御方法は測定値に基づいたフィードバック制御。板厚の測定値から圧下装置の位置を変更する方式のほか、圧延荷重の測定から計算により板厚を推定し、この推定板厚を使って圧下位置を変更する方式もある

フィードフォワード制御

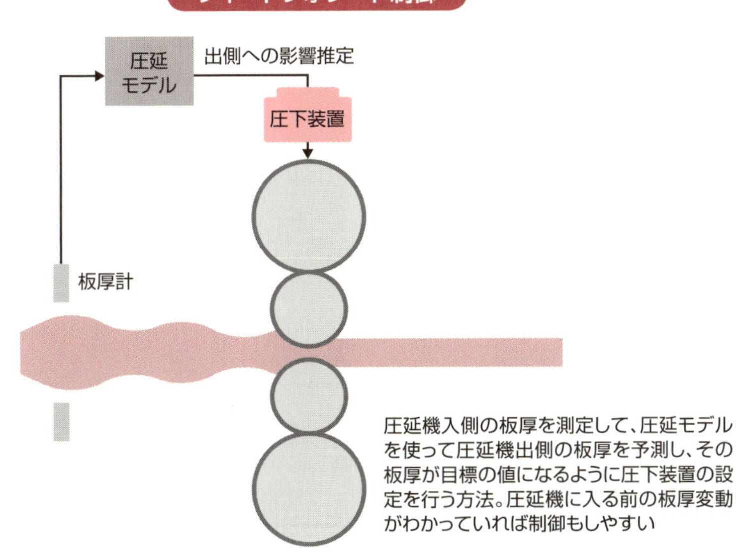

圧延機入側の板厚を測定して、圧延モデルを使って圧延機出側の板厚を予測し、その板厚が目標の値になるように圧下装置の設定を行う方法。圧延機に入る前の板厚変動がわかっていれば制御もしやすい

用語解説

フィードバック制御：圧延機出側の板厚計で厚みを実測し、目標値に対する偏差がゼロとなるようにロール間隙やロール周速を調整する制御

ゲージメーター制御：圧延機の弾性変形特性がわかっていれば、ロール間隙の設定値と圧延荷重の測定値から現時点の出側板厚を推定できる。この関係をゲージメーター式と呼び、求めた板厚が目標通りとなるように制御される

36 ロール変形・クラウンを抑える

機械もゆがむ圧延の力

　圧延荷重による圧延機の弾性変形には、圧延機が上下方向にばねのように伸びる変形だけでなく、ロールがたわむという変形があり、これはロールの軸方向の間隙分布を変化させるという点で重要です。
　圧延中のワークロールは、材料と接する幅中央部付近で圧延荷重を受け持ちますが、それを支えるバックアップロールからはロール全長にわたる荷重が作用して、たわみを発生させます。また、バックアップロールが受ける荷重を支えるのは、両端部にある軸受部分のため、材料力学でいう「はりのたわみ」と同様の変形が生じます。これにより、一般にロール間隙の分布は板幅の中央部分が広く、板幅端部ほど狭くなります。そのため、圧延後の鋼板の板厚も幅方向に山高な分布（クラウン）となります。
　これは材料力学の理論からも大まかな計算が可能です。例えば、板幅1mの鋼板を圧延する場合の圧延荷重が5000tの場合、板幅の中央部と板端部のロール間隙差は0・8㎜程度です。この値は一見小さいようにも思えますが、板厚が2㎜の鋼板に当てはめると、板幅の中央部は2㎜でも板端部は1・2㎜になってしまい、これではとても板厚2㎜の製品と呼ぶわけにはいきません。
　そのため実際の圧延では、ロール間隙の軸方向分布を制御する機構を備えた圧延機（プロフィル制御ミル）の開発とともに、精度良くクラウンを予測する理論が提案され、板幅方向の板厚偏差を数十㎛に抑えることが可能になっています。
　なお、クラウンを精度良く予測するには、ロール変形によるたわみの予測だけではなく、圧延ロールのサーマルクラウン（熱膨張）や、摩耗によるロール形状の変化などを推定し、胴長方向のロール間隙の分布を補正する必要があります。また、熱膨張や摩耗は圧延中にも変化していきますので、常時それらの影響を補償していく必要があります。

要点BOX

●圧延機の変形としては、縦方向の弾性伸びだけでなく圧延ロールのたわみ変形があり、これが板幅方向のロール間隙分布を変化させる

圧延機の変形

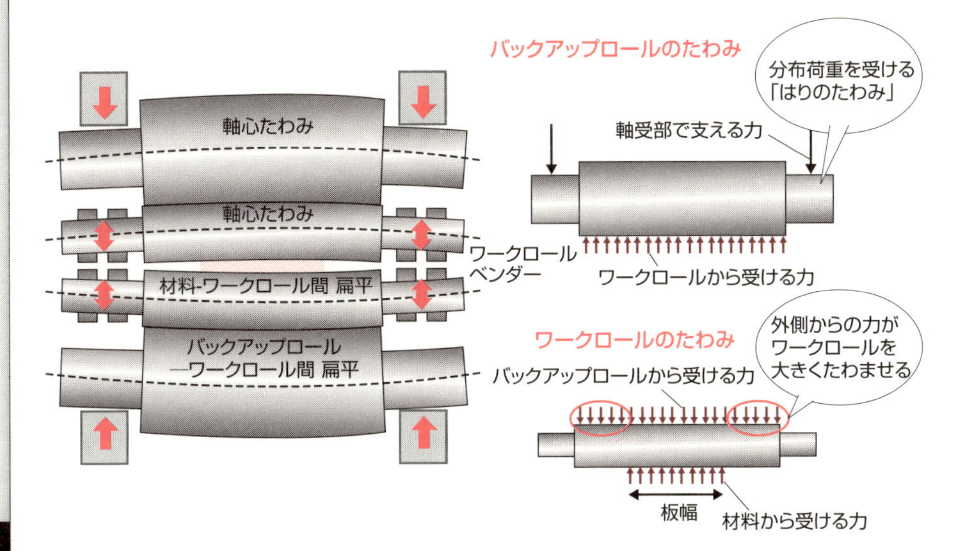

ロール変形への影響因子

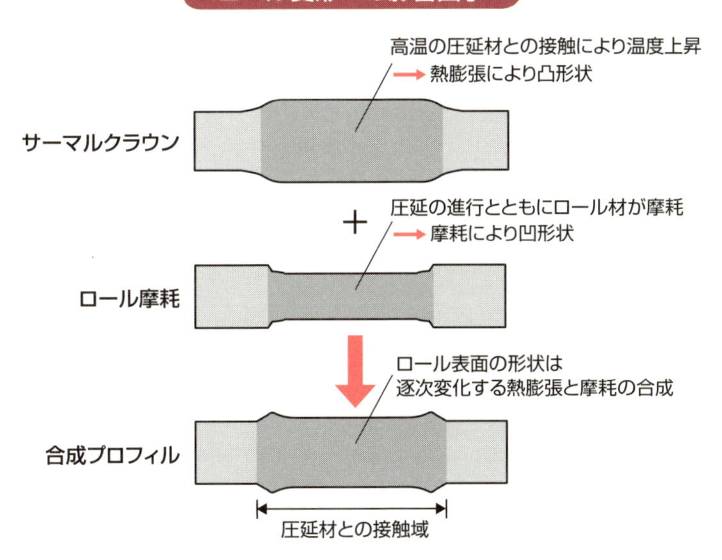

用語解説

ロール変形：ロールの変形は、本文中のロールたわみのほかにも、ロール同士が接触して力を伝え合う場合のロール扁平も問題にとなる。たわみと扁平の両方を、多数のロールを持つ圧延機でも予測する必要がある

サーマルクラウン：圧延では材料の塑性変形や摩擦によって熱が発生するため、圧延材と接触するロールに熱が伝達され徐々に温度が上昇する。この温度上昇によってロールが膨らんだ形状をいう

37 均一な板厚分布を得るためのプロフィル制御ミル

ロールのたわみを制御する

圧延荷重によって生じるロールのたわみは、幅方向にロール間隙の分布を発生させます。そのため、圧延後の板は幅中央よりも端部の厚さが薄くなり、均一な板厚が得られません。

そこで、ロールのたわみを制御するさまざまな技術が開発されています。最も簡単な方法は、ロールを中央部ほど太くなるような若干凸型にすることです。しかし、圧延荷重は板厚や板幅、材料の硬さによって変化するため、これだけでは不十分です。

バックアップロールがある4段式圧延機では、ワークロールの両端の軸受箱に油圧で力を加えて、ロールに逆方向の曲げを付与するワークロールベンダーという装置が使われています。圧延荷重によるロールのたわみを、曲げモーメントを与えて補償しようとするものです。ただし、ベンダーだけでは圧延荷重の変化に対する制御範囲が足りない場合があります。

そこで、幅方向のロール隙間の分布をもっと大きく変えることができる圧延機が考案されました。ワークロールとバックアップロールをペアにして、水平方向に回転させるのがペアクロスミルと呼ばれる方式です。上下の回転方向を逆にすると、幅中央の隙間よりも両端部の隙間が大きくなり、隙間の分布は2次曲線状になります。

またワークロールを、ボウリングのピンのような凹凸を持った形状にして上下逆方向に配置し、さらに点対称になるように左右に動かすことによって、ロール隙間の分布を変える方法が開発されました。この方式はCVC(Continuous Variable Crown)ミルと名づけられています。

このほか、6段式の圧延機で中間ロールを左右にシフトする機構(HCミル)など多様な圧延機があります。ロールのたわみを補償してプロフィルを制御することで、幅方向の板厚差が数十μmに収まり、板厚が均一な鋼板がつくられているのです。

要点BOX

●ロールのたわみを打ち消したり、ロール間隙の分布を制御したりして幅方向の厚さを均一にする

ワークロールベンダー

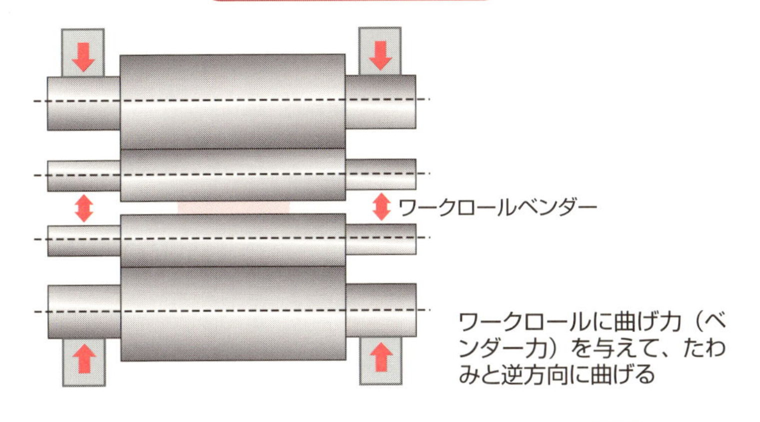

ワークロールに曲げ力（ベンダー力）を与えて、たわみと逆方向に曲げる

ペアクロスミル

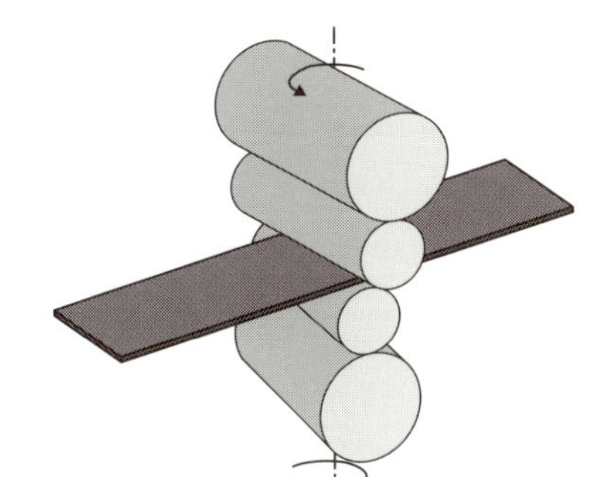

ワークロールとバックアップロールをペアにして水平方向に回転

HCミル

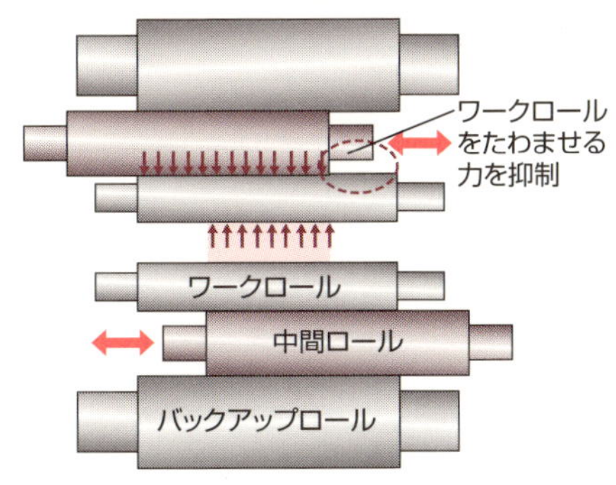

6段式圧延機の中間ロールを軸方向に移動（シフト）させ、ワークロールのたわみを抑制

CVCミル

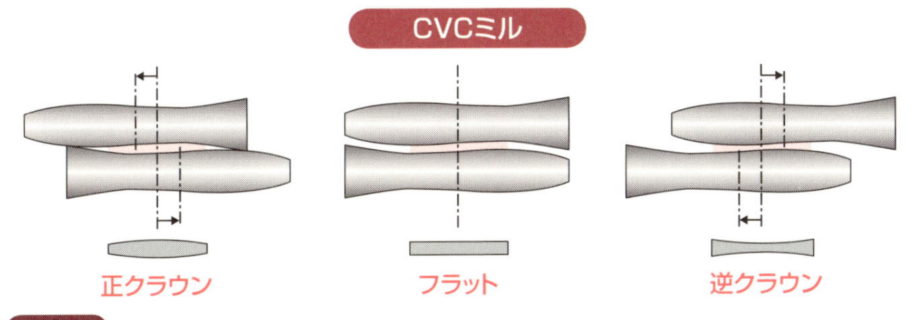

用語解説

プロフィル：幅方向の板厚分布のこと。クラウンは板幅中央と板端部の差を数値として表すのに対し、板厚分布全体の形状を表す

HCミル：6段式圧延機の中間ロールを軸方向にシフトする機能とワークロールベンダーを備えた圧延機。ワークロールを小径にして、中間ロールベンダーも備えたものはUCミルと呼ばれる。

38 ロールが多い圧延機

補強ロールは何本必要？

圧延荷重が大きくなるのを避けたいときや、薄い板を圧延する場合では、ロールの直径を小さくすることが有効です。また、幅が広い板を圧延するためにはロールを長くする必要があります。どちらの場合もロールがたわみやすくなりますが、それらのロールを押さえるロールを新たに組み込めば、そのたわみは小さくなります。

鋼板を圧延する2本のワークロールの上下にバックアップロール（補強ロール）を1本ずつ加えると、4段式圧延機になります。これは、薄板や厚板の熱間圧延と冷間圧延に最も普及している圧延機です。

箔のような非常に薄い板を冷間圧延する場合では、もっとワークロールを細くする必要があります。そうなると剛性が小さくなるために、ロールが水平方向にもたわむようになります。そこで、クラスター型圧延機が開発されました。１本のワークロールの背後に2本の中間ロールを配置して、2カ所で支えるようにすると、合計6本のロールを備える6段式圧延機になります。

これでも剛性が足りない場合は、さらにその背後にロールを3本配置します。上下のワークロールはそれぞれ5本のロールで支えられ、ロールは合計12本です。さらにロールを上下に4本ずつ加えた20段式圧延機も実用化されており、ステンレスなどの硬質材料の圧延に利用されています。

変わったところでは、太いロールの周囲に細いワークロールをたくさん並べたプラネタリー圧延機と呼ばれる特殊な設備があります。圧延材が多数のワークロールで少しずつ何度も圧延されるので、硬い材料でも1回のパスで板厚を1／10以下にすることができるのです。

このように、ロールの本数を増やすことで、ロールがたわみにくくなるので、硬くて薄い板が圧延できるようになったのです。

要点BOX

- ●ロールのたわみを抑えるには、ロールの数を増やすことが有効
- ●最も多いもので20段圧延機まで存在する

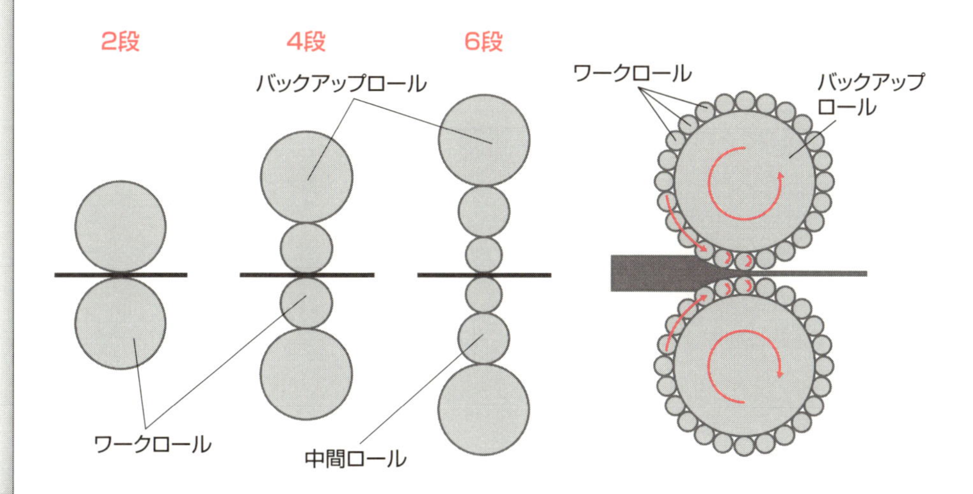

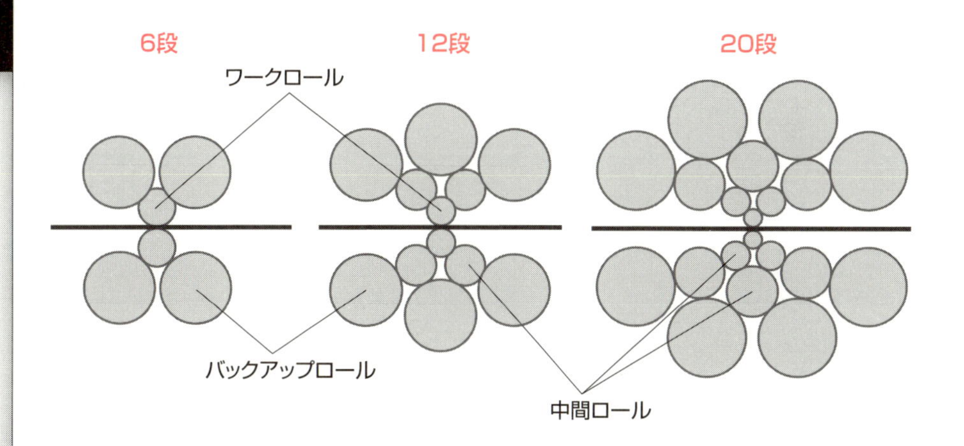

用語解説

クラスターミル：ワークロールを複数の補強ロールで支える構造の圧延機。例えば、1本のワークロールを2本の中間ロールで支持し、さらに中間ロールを3本のバックアップロールで支えるような多層のロール配置となる
プラネタリー圧延機：太いバックアップロールの周囲に、細いワークロールを遊星状に配置した特殊な圧延機。上または下だけを遊星状にして、他方を通常のロールとしたものもある

39 摩擦は圧延の必需品

圧延での摩擦力 功罪あわせ持つ

異なる物体同士が接触する場合、その接触面上には必ず摩擦が存在します。摩擦は微小な表面凹凸形状同士の擦れ挙動であり、摩擦によって発生する力を表す指標として摩擦係数が使用されています。圧延では、圧延ロールと材料の間の摩擦力が加工を成立させるための重要な役割を果たしています。

圧延では、高速に回転している上下の圧延ロールの間に材料の先端部を噛み込ませますが、このとき、材料は摩擦力によってロール間に引き込まれます。摩擦係数が低い条件やロール径が小さい条件では、引き込み力に対して材料を押し戻す力が大きくなり、材料とロール間でスリップが発生するため、圧延の先端部が噛み込まずに圧延することができません。この限界を噛み込み限界と呼びます。このため、1回の圧延で大きな圧下量（減厚量）を得るためには、高い摩擦係数が必要となるのです。

一方、圧延荷重は摩擦力により大きく影響されます。摩擦係数が高いと圧延荷重は大きくなり、圧延機の変形による各種トラブルを発生させたり圧延ロールの摩耗を促進させたりするだけでなく、圧延機剛性の限界により製造可能な製品寸法も制約されます。

このため、圧延荷重を低減するために摩擦係数を下げることが必要です。摩擦係数を下げるため、多くの圧延ではロールと材料間に各種の潤滑剤が塗布されています。潤滑剤を適用することにより、圧延に必要なエネルギーを低減することが可能になります。また、圧延ロール表面の劣化（肌荒れ）が抑制されて圧延ロールの寿命が延び、圧延後の板表面性状（表面粗さや光沢度）も向上します。

近年、強度の高い高張力鋼板の薄肉化需要が高まっており、それに応じて圧延時の荷重もどんどん増大しています。潤滑剤の適用では、圧延を成立させるために必要な摩擦係数を確保しながら、できるだけ低い摩擦係数を実現することが重要です。

要点BOX

- 圧延ロールと圧延材表面との摩擦は圧延加工に大きな影響を及ぼす
- 摩擦（係数）の適切な調整が必要

噛み込み時の力学的関係

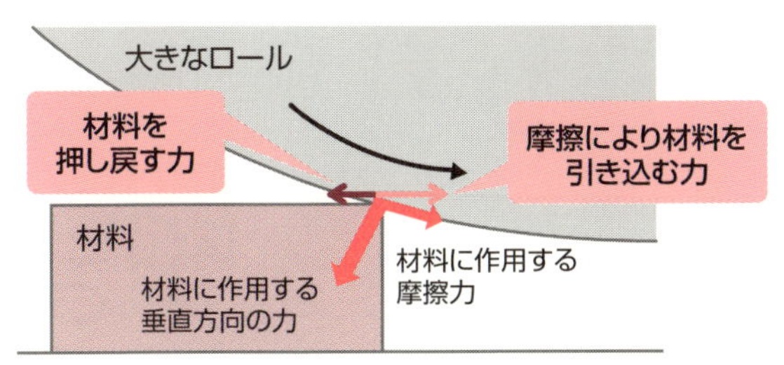

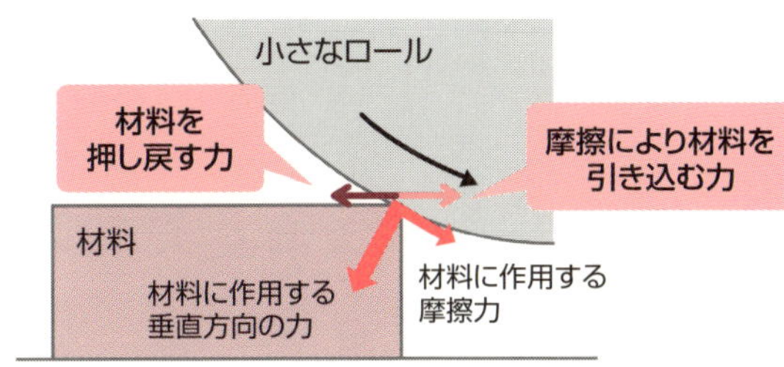

摩擦低減による圧延荷重の挙動

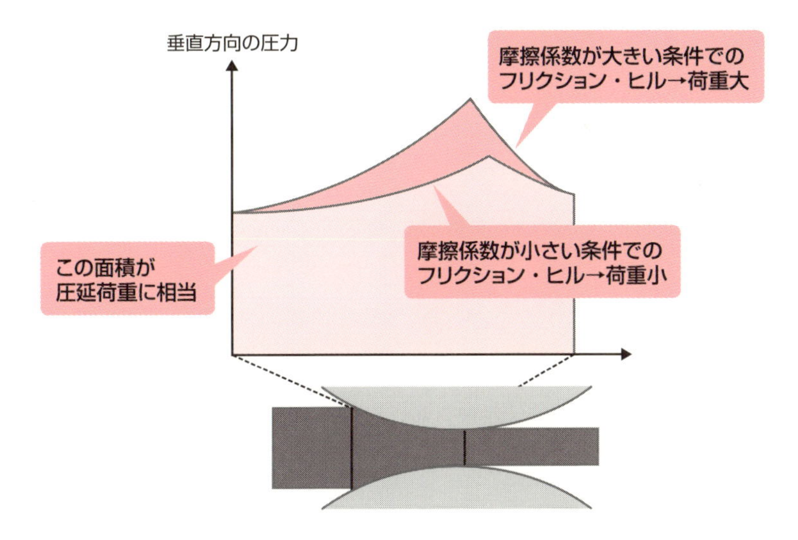

用語解説

噛み込み限界：噛み込み限界は摩擦係数とロール径に影響される。1回の圧延で大きな圧下量を得るためには、高い摩擦係数のほか大きなロールを使用する必要がある

潤滑剤：天然油脂や合成エステルなどの基油に、潤滑性や耐焼付き性などの特性を高める各種添加剤が混合されたものが用いられる

40 〝まっすぐ〟への飽くなき挑戦

意外に難しいまっすぐな板の圧延

板圧延では、板厚減少（圧下）分の体積が長手方向の伸びとなります。それでは、幅方向の左右で板厚減少が違うとどうなるでしょう？　答えは、1枚の板の中に長い部分と短い部分が存在することになり、板が左右方向に曲がってしまいます。この曲がりのことを「キャンバー」と言います。

大きなキャンバーが発生すると、製品にならないのはもちろん、最悪の場合には圧延機にぶつかったり、圧延機内で横方向に移動（蛇行）してロール間から外れて（ロールアウト）しまったりと、大きなトラブルを引き起こすこともあります。

キャンバーの原因には、左右の材料温度差（主にスラブ加熱の段階で発生する）、前工程での板厚差、圧延機自体の圧下量や剛性の差など、さまざまな要因があります。特に厚板圧延や薄板の熱間粗圧延のように、単独の圧延機で張力を付与せずに圧延する場合は、このようなキャンバーが発生しやすくなります。そのためこれらの圧延機では、圧延状態を注意深く監視しながら左右の圧下量をミクロン単位で制御する（レベリング）ことで、〝まっすぐ〟な板を圧延しています。

同じことが表裏でも問題になります。板圧延では、表裏で板の温度や潤滑など状態が異なるため、同じ板の中で上側と下側の伸び量が同じにならないことがあります。この場合には、板が上下に曲がってしまう「反り」が発生してしまうのです。特に先端の大きな反りがあると、板が突っかかってしまって生産が止まることにもなりかねません。

そこで板圧延では上下の温度や潤滑の差をなくすような工夫をしたり、板の挿入方向を変えたりして反りが出ないように調整しています。

当たり前のように感じる〝まっすぐ〟な板をつくるためにも、さまざまな工夫やミクロン単位の精密な制御が欠かせないのです。

要点BOX

- ●板の圧下量を上下左右同じにしないと、「キャンバー」や「反り」という曲がりが発生する
- ●これらは生産トラブルに直につながる

キャンバーの発生と調整

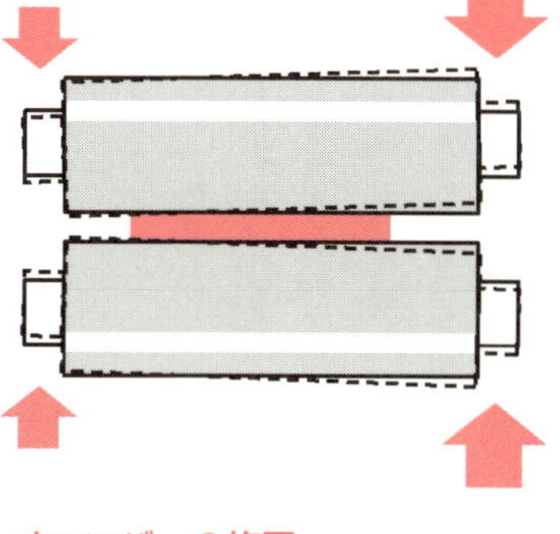

キャンバーの発生

左側の圧下量が相対的に大きいため
板が長くなって右側に曲がっている。
曲がりが大きすぎると、例えば次の圧延スタンドにつっかかって入らなくなる

キャンバーの修正

左の図の例では、右図の点線のようにロールが傾いて向かって左側の圧下量が大きくなったのが原因の1つである。そこで、右側の圧下量を増やす（より大きい矢印）ことで、実線のように左右の圧下量を合わせればキャンバーは直る

反りの発生と調整

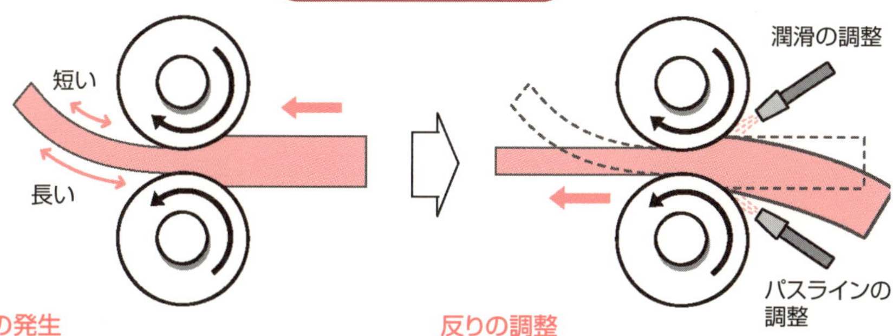

反りの発生

何らかの原因で下側（裏側）の方が圧延されやすい状態になると上反りが発生する

反りの調整

反りの調整方法として挿入方向の変更や潤滑状態の調整が考えられる

用語解説

キャンバー：鋼板は圧延により薄くなると長くなる。左右の長さにわずかな差が生じても、見た目でわかるような大きな曲がりとなってしまう。鋼板幅方向の曲がりのことをキャンバーという

反り：原理的に上下まったく対称の圧延をすることは難しい。圧延状態の上下差により、どうしても圧延されて板が伸びる量にも上下差が発生する。その結果、現れる板の上下曲がりのことを反りという

41 "平ら"な薄鋼板のつくり込み

フラットな鋼板をつくるための役割分担

板には、ロールの軸方向たわみによる幅方向の板厚分布（クラウン）があり、ゼロにはなりません。もともとクラウンがある鋼板を、圧延で幅方向に均一な板厚分布にしようとすると、板幅中央と端部の圧下率の違いが大きくなります。

圧延で材料の体積は変わりませんから、圧下率の違いは板長さの違いに変化しようとします。しかし、板は前後左右で連続しているため、圧下率が相対的に大きく長くなった部分は座屈を起こし、圧延機の出側で波として現れるのです。

このような波のことを板形状と呼び、鋼板幅方向の中央部に波が現れるものを中伸び（あるいは腹伸び）形状、板端部に波が現れるものを耳波（あるいは端伸び）形状と呼んでいます。耳波形状が顕著な鋼板は、身近な例で表現すると、ちょうどワカメのような外観をしています。

板形状を良好（平坦）にするには、幅方向の圧下率を均一にして、圧延後の板長さを揃えなければなりません。それには圧延ロールのたわみ形状を、元からある板クラウンに合わせてやる必要があります。圧延機のロールの数を多くすると、この板形状を調整しやすくなります。

形状を悪くせずに、クラウンを小さくするような圧延方法はないものでしょうか。実は、熱間圧延で鋼板が比較的厚い場合がそうです。これは、板幅中央での圧下率が少々高くなっても圧延中の材料が端部に移動する、いわゆる幅流れという現象を起こしやすいからです。

一方、主に冷間圧延がそうですが、鋼板が薄い場合は、クラウン比率を一定にして板形状を制御しなければなりません。クラウンを所定の範囲に収めつつ形状も良好な鋼板を製造するには、熱間圧延と冷間圧延の両方のプロセスで最適なクラウン比率の制御をする必要があるのです。

要点BOX
●薄鋼板を圧延する場合には、クラウン比率が変わらないようにするとフラットな鋼板ができる

代表的な形状不良

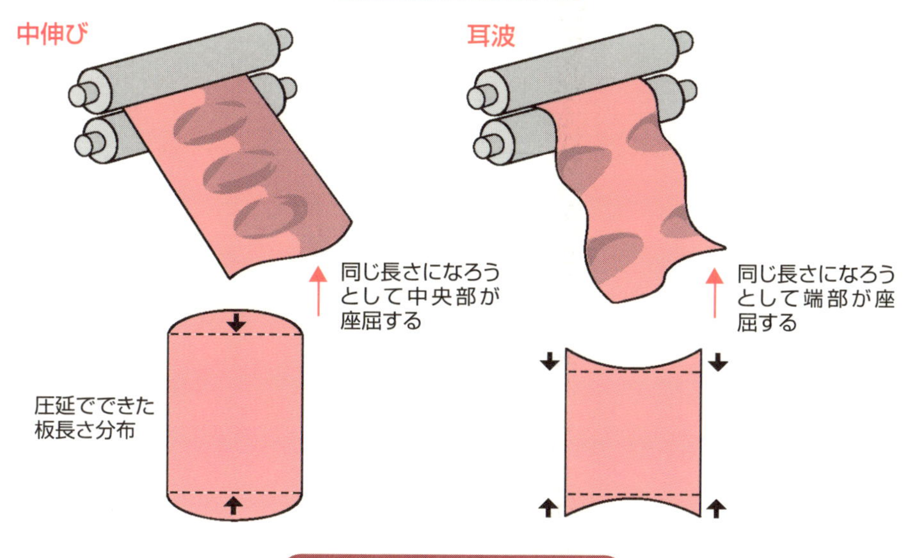

幅方向の圧下分布と板形状

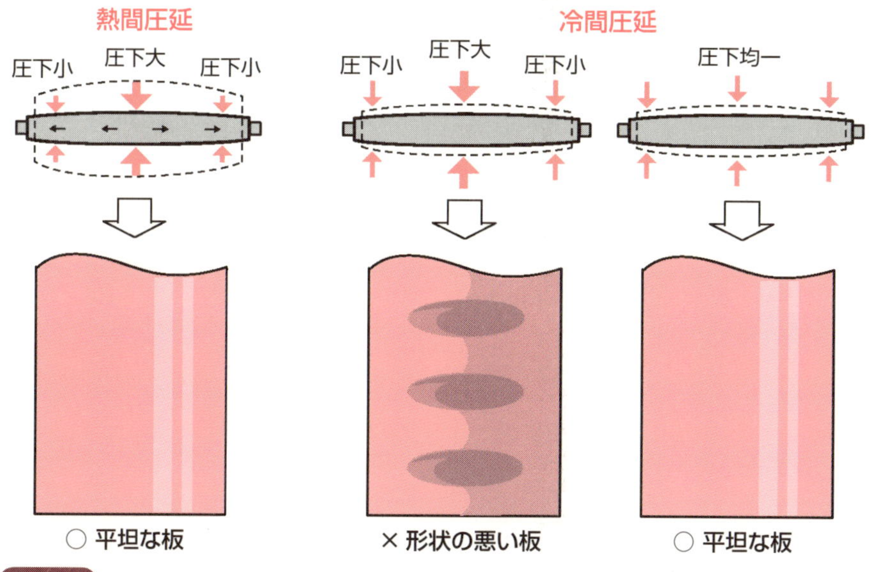

用語解説

板形状と急峻度：板の形状は「急峻度」で評価されることが多い。急峻度は中伸びや耳伸びの波形状につき、平均的な波のピッチに対する波の高さを比率で表したもの

クラウン比率：板のクラウンを平均板厚で除した値。圧延前後でクラウン比率が変化しないことは、板幅中央部と板端部で圧下率が同一であることを表す

42 拡げる、縮める、一定を保つ板幅の制御

厚板では幅を拡げる圧延、薄板では幅を縮める圧延

圧延は、材料を延伸させても板厚が薄くなるだけで、板幅はそれほど変化しないのがひとつの利点です。しかし、まったく板幅が変化しないわけではなく、3次元的な変形により、板幅に対して数%の幅変化が生じます。

寸法制御の点では、このようなわずかな幅変化も歩留りに影響を与えるため、これを制御する技術が開発されています。

圧延前の鋳造したスラブの幅を出発点とし、その後の圧延で幅を変えることができます。まずは、幅を拡げる方法です。これは、厚板のような面積の大きい製品をつくるときに適用されます。

スラブを何回か圧延して延ばした後に、板を。90回転させます。そして、幅方向と長手方向を入れ替えて圧延します。これを幅出し圧延と呼びます。再び。90回転させて圧延することで、幅の広い製品をつくることができます。

次に、幅を縮める方法です。これは厚板に比べて幅が狭い熱延で適用されます。幅圧下プレスという設備で、スラブを幅方向から圧下します。これによりスラブの幅を広めにつくっておき、製品幅に応じて幅圧下量（幅の縮小量）を変えることでいろいろな幅をつくり込むことができます。

最後は幅を一定に保つ制御です。圧延では一般に、幅が広がる方向に変形します。この幅広がりは、幅が小さく厚さが厚いほど大きく、またロール径が大きいほど大きくなります。板幅を一定にするため、エッジャーロールと呼ばれるたて型のロールで幅方向に軽圧下する圧延も行われています。

一方、幅圧下プレスやエッジャーで幅圧下をすると、板厚が幅方向で不均一になったり、圧延後の材料の先尾端部で大きなクロップロスが生じたりすることがあります。したがって、これらの影響も考慮した制御が必要です。

要点BOX
- ●圧延前のスラブ幅が出発点だが、後で変えられる
- ●90°回転しての幅出し圧延、エッジャーロールでの幅圧下圧延、幅圧下プレスなどがある

厚板での幅出し圧延

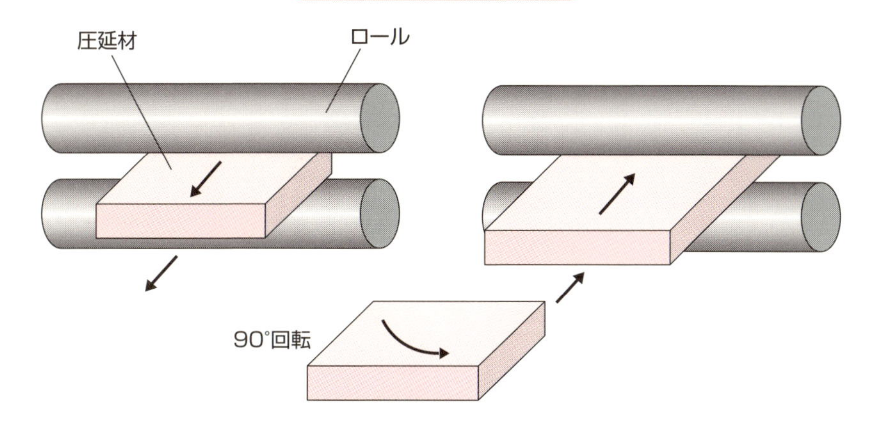

薄板（熱延）でのエッジャー圧延と幅圧下プレス

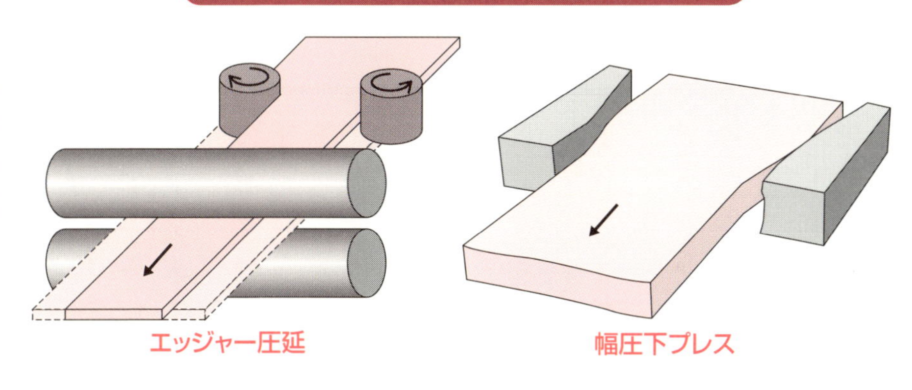

タングとフィッシュテール

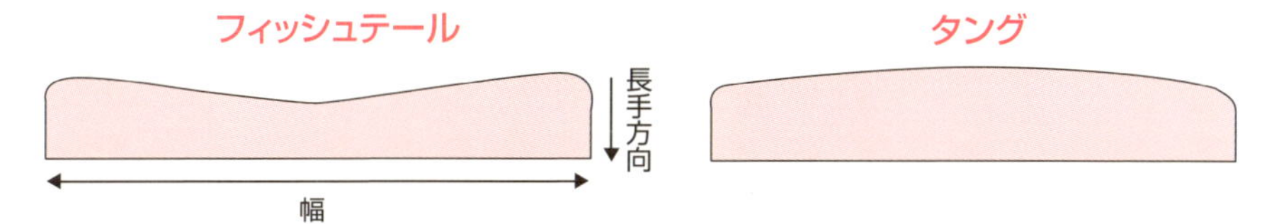

材料の先端部や尾端部が長方形からずれた形状になる

用語解説

クロップ：圧延後の鋼板の先端部や尾端部に生じる非定常部。幅中央部が長いタング形状（舌状）や両エッジ部が長いフィッシュテール（尾ひれ状）がある。製品として不要なため切り捨てられる

平面形状制御圧延：厚板圧延で、圧延後の平面形状を長方形に近づけるための制御。圧延後の先後端でクロップが発生しないように、あらかじめ厚みを不均一に調整しておく方法

43 連続式タンデム圧延一気通貫の圧延技術

連続化による生産性向上

圧延では高い寸法精度を得ることが重要ですが、これを高能率で実現する必要があります。冷延ラインでは連続式冷間タンデム圧延の実現がこれに大きく寄与しました。

「連続式圧延」とは、先に圧延されている材料の尾端に次の材料の先端を溶接して、連続的に圧延する方法のことです。圧延機は止まることなく連続して動いているのに対し、溶接に要する時間とのタイミングのずれを調整するために、ルーパーと呼ばれる緩衝設備が用いられます。圧延後の材料は、1本ずつ切断されてコイル状に巻き取られます。

「タンデム圧延」とは、複数の圧延機（スタンドと呼ぶ）を直列に並べ、1つの材料を一気通貫で圧延することにより、1つの圧延機で繰り返し圧延するのに比べて効率を上げる方法です。冷間圧延では5～6スタンドが並んだタンデム圧延機がよく使われます。

一見するとただ圧延しているだけのようですが、タンデム圧延機で安定して圧延するのは少し難しくなります。上流スタンドから徐々に材料の厚みが薄くなりますが、どのスタンドでも材料の体積流量は一定のため、板厚が薄くなった下流スタンドほど速度が速くなります。各スタンドのロール回転速度をうまく合わせないと、板がスタンド間で余ったりちぎれ（破断）たりするのです。

さらに連続式タンデム圧延機では、幅や製品厚みの異なるコイルも溶接して連続的に圧延します。そのため、各スタンドが溶接点（コイルのつなぎ目）を通過するごとに圧下や速度を変更します。溶接点より上流側のスタンドは後から来るコイルの圧延設定で、下流側のスタンドは先行するコイルの圧延設定で、なおかつ溶接点で破断しないように前後のバランスも取り…という頭の痛くなるような複雑な設定変更を圧延中に行っているのです。これを「走間板厚変更技術」と呼んでいます。

要点BOX

- ●複数の圧延機を直列に並べたタンデム圧延機
- ●入側に溶接機を設置して材料をノンストップで圧延する

連続式冷間タンデム圧延機の構成

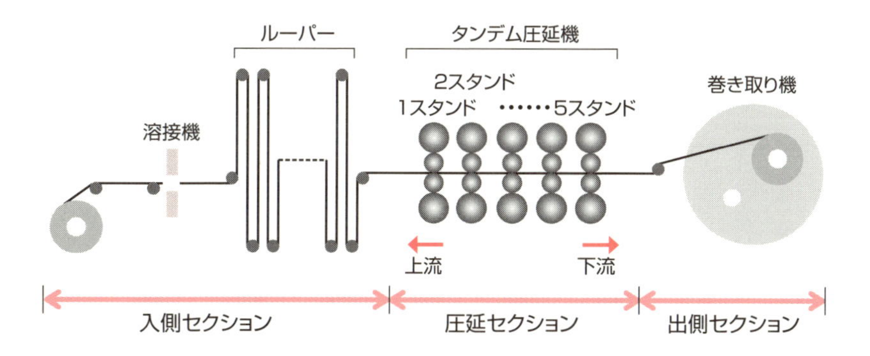

溶接点の通過と走間板厚変更

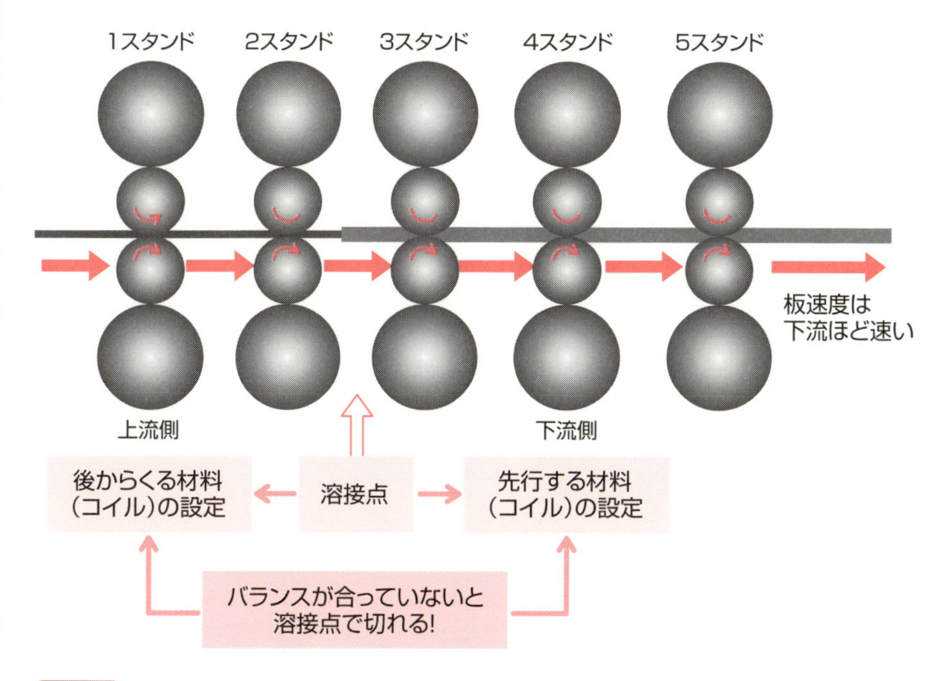

用語解説

完全連続式冷間タンデム圧延機：世界に先駆けて1971年に日本鋼管（現JFEスチール）福山製鉄所のNo.2冷延ミルに導入。入側に設置したフラッシュバット式溶接機で鋼板を接合する

走間板厚変更：コイルのつなぎ目である溶接点は幅や製品厚みの変更点であり、溶接点が各スタンドを通過するたびにそのスタンドや前後のスタンドの圧下、ロール回転速度の設定を調整していかなければならない。設定変更は高精度の計算モデルによる予測に基づいて行われている

44 世界最高の圧延速度を支える技術

時速170㎞のかみそり

圧延された鋼板はコイル状に巻かれて製品となり、生産量や販売量などは重量でカウントされます。つまり、薄い製品をつくろうとすればそれだけ高速で圧延しないと、生産量が増えていかないことになります。主に飲料缶や缶詰に使われる缶用鋼板は厚みが0・2㎜程度と薄いため、高速圧延技術の開発が進められてきました。

現在、世界で最も圧延速度の速いタンデム圧延機では時速170㎞で圧延が行われています。0・2㎜の鉄の板がスポーツカー並みのスピードで動いているので、板端に触れると何でも切れてしまうほどです。また鋼板が圧延スタンドを通過するときの加速度は、市販のスポーツカーの5倍程度にもなります。

これだけの高速圧延を行うためには、さまざまな技術が必要です。まず、薄い板を切れないようにタンデム圧延するための圧下と、ロール回転の制御技術が必要です。隣接するスタンドの回転速度を適切に調整する必要があり、板がピンと張りすぎても逆に緩みすぎても安定した圧延とはなりません。高精度に圧延状態を予測できる計算モデルが重要となるのです。

高速圧延では、摩擦や加工の発熱により鋼板や圧延ロールが100℃をゆうに超える高温となるため、鋼板や圧延ロールを効率良く冷却する技術が開発されています。特に圧延ロールは高温となり、熱膨張することで幅方向の圧下が変化してしまうため、高精度な形状制御が必要です。さらに、高温になることで鋼板とロールが焼付きを起こしやすくなるため、潤滑の方法についても潤滑剤の種類やその供給方法など多くの工夫が凝らされています。

またロールを保持しているチョック（軸受箱）も、高速回転することで高温になります。そのためチョック自体を冷やしたり、焼付きや熱膨張を抑えたりしたコロ軸受の開発などが行われています。

要点BOX
- ●薄いものほど高速で圧延する必要がある
- ●圧延機の制御、冷却、潤滑など多くの技術が高速圧延を可能としている

世界最高速圧延

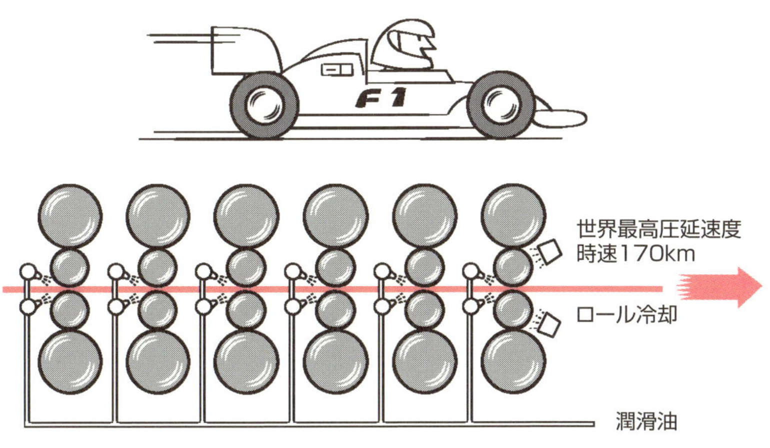

高速圧延の実現には高精度な潤滑技術と冷却技術が必要とされる

高速圧延を支える技術

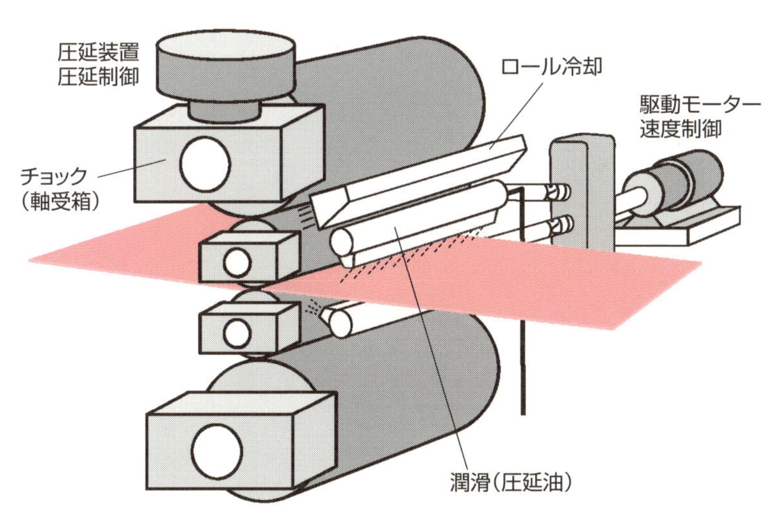

高速圧延実現のために特別に調整された圧延油を直接圧延機入口で供給している

用語解説

圧延速度：タンデム圧延ではスタンドごとに板厚が薄くなり、材料の進行速度が増加する。通常は、最終スタンドの進行速度を圧延速度と呼ぶ。慣用的には時速ではなく、分速で表記することが多い

冷間圧延での温度上昇：塑性加工では変形や摩擦により加工に要したエネルギーの一部が熱に変換されるため、室温で行われる冷間圧延であっても鋼板の温度は上昇する。冷間圧延では、これを抑制するための冷却装置が備えられている

45 圧延プロセスにおける省エネ技術

鉄が持つ熱を大切に使う

大量の鉄を溶かし固めて、圧延などの塑性加工を行って製品にするために、製鉄所では大量のエネルギーを消費しています。鉄を溶かす高炉には、石炭からつくったコークスと、鉄鉱石を焼き固めた焼結鉱を入れますが、1tの鉄をつくるのに0・8tもの石炭が必要です。

このほか、溶鋼や製品を運んだりするのにもエネルギーは必要です。圧延機を1台動かすための電力は、1万kW以上に及ぶものもあります。また、熱い鉄を水で冷やすだけでも、ポンプを動かすための電力が必要です。鉄鋼製品を1tつくるのに、6Gcal（ギガカロリー）という莫大なエネルギーが必要です。これは、小学校のプールの水を十数℃温度上昇させるのに相当します。

資源が少ない日本では省エネ技術が非常に進んでおり、世界を大きくリードしています。鉄鋼製品をつくるのに要するエネルギーは、世界の平均値よりも10～20％程度低く、二酸化炭素排出量の削減など地球環境保全にも大きく貢献しています。

圧延プロセスにおいても、多くの省エネ技術が開発されています。例えば、連続鋳造でできたスラブの温度が下がらないうちに熱間圧延を行うDHCRという技術の開発により、エネルギーの消費を大きく削減させることができました。

従来、熱間圧延を行う順番は板幅などによって決められており、必ずしもスラブができた順番通りには加工できませんでした。したがって、多くのスラブは熱間圧延を行うまで長い時間スラブヤードに置かれ、スラブの温度が下がるという不都合が生じていたのです。それが板クラウン制御などの技術開発により、圧延の順番の制約が徐々に軽減され、スラブの温度が高いうちに加熱炉に装入することができるようになりました。その結果、燃料ガスの使用が減って省エネ化がいっそう進みました。

要点BOX

●製品の製造には莫大なエネルギーが必要
●連続鋳造されたスラブが冷めないうちに圧延する技術は省エネに貢献する

鉄鋼製品を製造するためのエネルギー

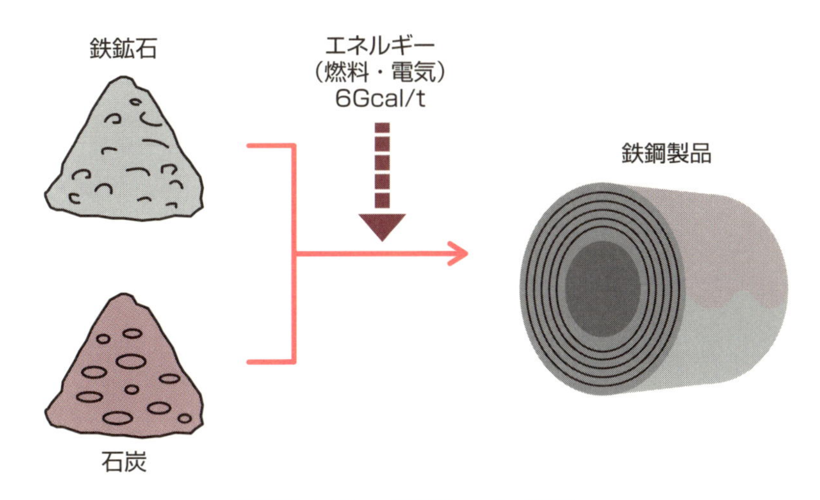

スラブの高温装入での省エネ

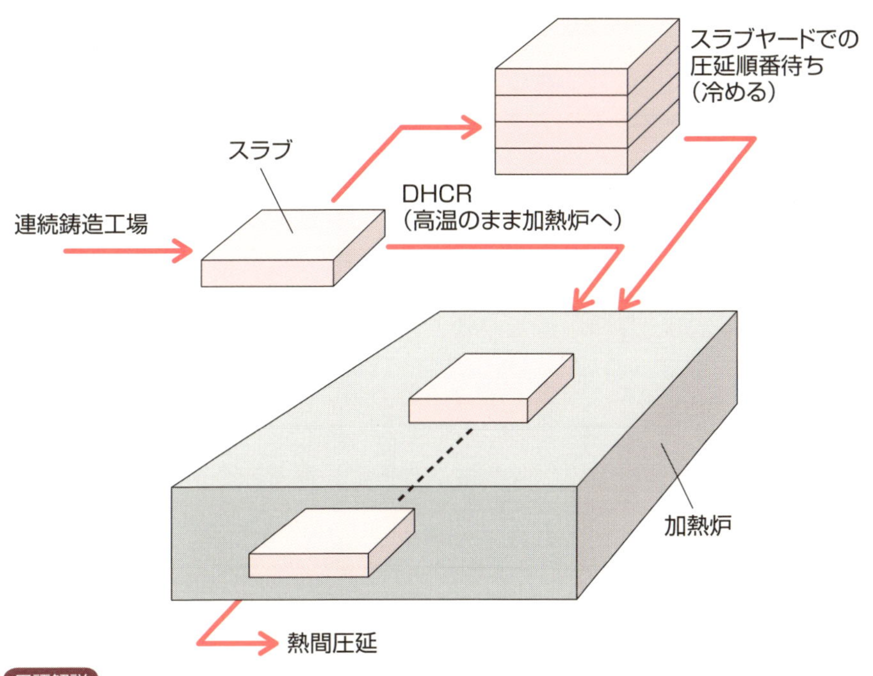

用語解説

DHCR：Direct Hot Charge Rolling の略。高温のスラブが冷めないうちに、加熱炉に装入して省エネを実現する技術

46 酸化スケールを取るのも技のひとつ

キズの要因をいかに抑えるか

熱間圧延プロセスでは、スラブや鋼板の表面が高温の状態で空気にさらされます。このとき、表面の鉄、ケイ素（シリコン）、マンガンなどの元素が酸素原子と結びつき酸化膜（スケール）を生成します。

鉄の元素が酸化するとウスタイト（FeO）、マグネタイト（Fe_3O_4）、ヘマタイト（Fe_2O_3）などの物質に変わります。これらは温度が高ければ短時間で成長し、厚みが数百μm程度になると、パリパリと3層一体で剥がれます。スケールが母材（元の鉄の部分）から剥がれ、表面に残ったまま圧延を行うと、キズができるなどして製品としての出荷がかなわなくなるため、圧延はスケールがある程度薄い状態を維持して行う必要があります。そのためには、スケールが自然に剥がれるよりも先に、それを強制的に、しかも完全に取り除かなければなりません。これをデスケーリングと呼びます。デスケーリングは、圧延を行う直前に毎回行うのが望ましいと言えます。

デスケーリングは、鋼材の表面に高圧水をかけて行うのが一般的です。現在、デスケーリング水の供給には、吐き出し圧力が15～50MPaの超高圧ポンプが使われています。これは、消防車が放水するときの圧力の20～60倍、アルミニウムなどが簡単に彫れてしまうほどの圧力です。

シリコンを含む鋼板では、ファイアライト（Fe_2SiO_4）という酸化膜も生じます。これは赤スケールと呼ばれるものです。母材に強く密着しているため、その除去には非常に大きな力を要します。デスケーリングをするには、より高圧で水を噴射する必要がありますが、それでもシリコンを多く含む鋼板に対しては限界があります。

発生する酸化膜が厚くならないようにギリギリの低い温度で圧延したり、温度が確保できる範囲で可能な限りデスケーリングの回数を増やしたりして、表面がきれいな鋼板を圧延しています。

要点BOX

- ●高温の鋼材表面は酸化しやすい
- ●デスケーリングしながら圧延する
- ●高圧水を吹きかけて剥ぎ取るのが常套手段

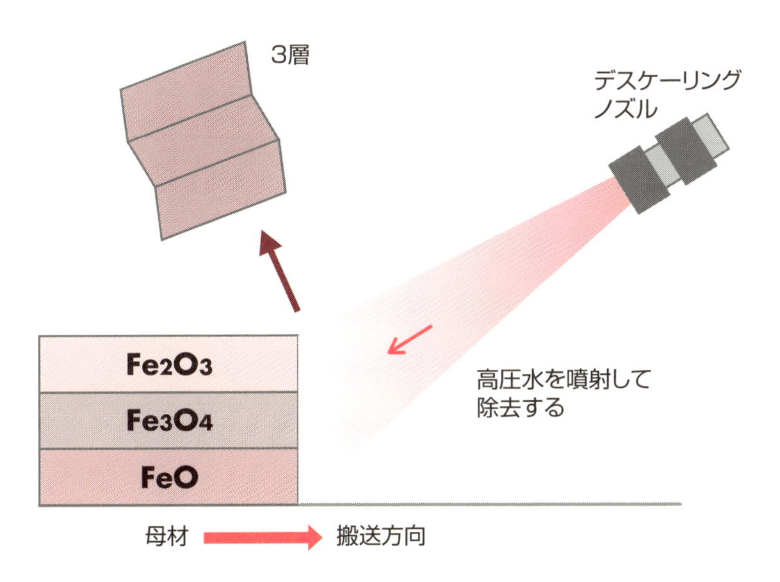

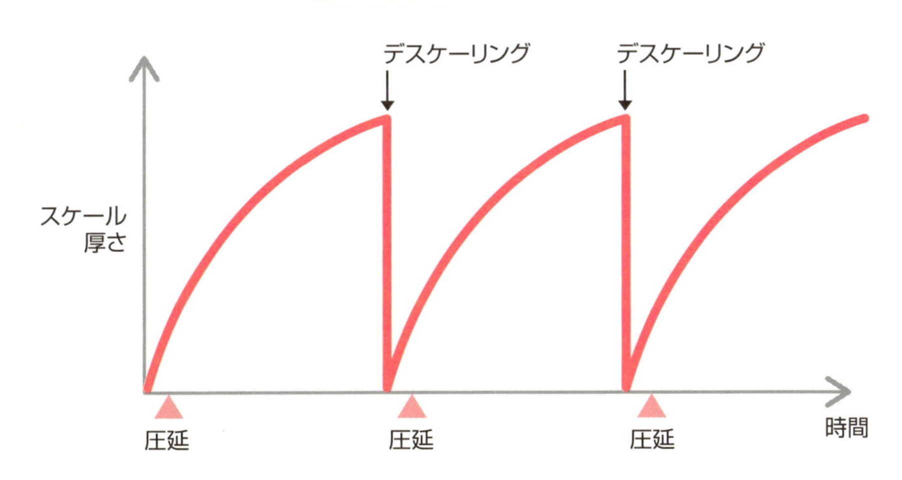

用語解説

デスケーリング：酸化物であるスケールを取ることをデスケーリングと呼ぶ。通常は表面に高圧水をかけて剥ぎ取るが、工具などで削り取る方法もあり得る

47 熱間圧延後の酸洗

酸化スケールを溶かして取る

熱延鋼板は、表面に酸化スケールがついていて、黒い色をしています。そのまま出荷する場合も多く、それらを黒皮材(くろかわ)と呼びます。

一方、自動車のボディーや飲料缶に用いる鋼板などは、この後に冷間圧延をしてより薄い板厚に仕上げなくてはなりません。その冷間圧延の前に、スケールを酸で溶かして取り除きます。この工程を酸洗(Pickling)と言いますが、厚板や形鋼の製造プロセスにはなく、薄板(ステンレスや電磁鋼板を含みます)の製造プロセスでのみ見られます。

酸洗設備は、熱延工場に隣接して設置される場合と、次工程である冷延の工場に直結して設置される場合があります。熱延コイルを巻きほぐした後、多くの場合は形状を平坦にするために、小さな圧延機で少しだけ(1〜2%程度)薄くするスキンパス圧延を行います。その後、酸洗槽の中につけると、表面のスケールだけが取れて白色になります。酸洗槽の中には塩酸や硝酸などが入っており、ここに鋼板を漬けたまま搬送します。このとき、1個ずつ圧延していたコイルは、巻きほぐした後に自動溶接機でつなげられ、酸洗は連続的に行われます。

従来の酸洗は、鋼板を通すだけだったため、スケールが厚い鋼板などでは搬送速度を下げて通板しなければなりませんでした。しかし最近では、噴流などを利用して鋼板表面での酸液の流れを活発化させる技術が開発されています。この技術を用いれば酸洗に要する時間を短縮し、その分高い生産性を得ることができます。

酸洗を行った鋼板は、直ちに水洗、乾燥が行われます。やや灰色がかった白色をしており、白皮材(しろかわ)と呼ばれています。そのうちの多くは、同じ製鉄所内で冷間圧延されます。また、アジア地域を中心とする海外で冷間圧延するために、輸出されていくものもあります。

●熱間圧延した鋼板は酸洗槽を通すことで酸化スケールが取れる
●鋼板表面は黒色から白色に変わる

酸洗設備の例

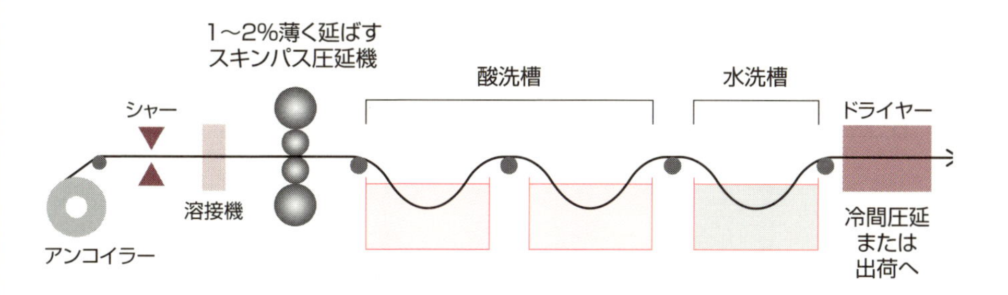

酸洗設備の設置位置

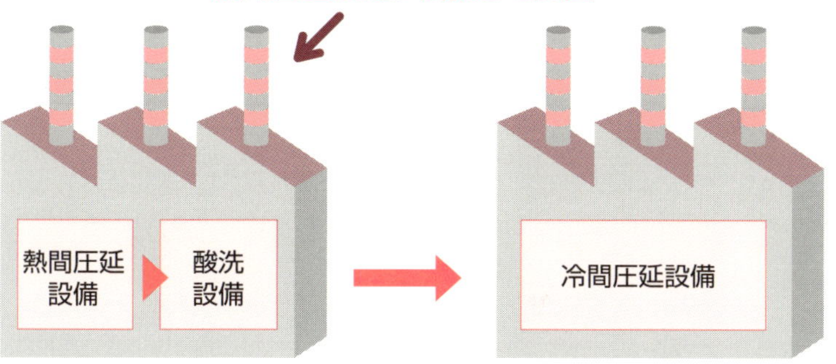

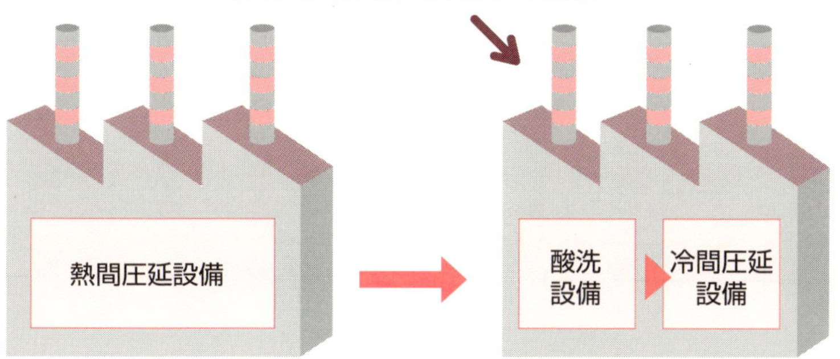

用語解説

スキンパス圧延：熱間圧延後の黒皮材を1～2%延ばして、形状を平坦にする

48 バッチ式と連続式の熱間圧延

熱間では先端と尾端の圧延が不安定

薄板の圧延は、前後の材料がつながっていて、ある程度張力がかかった状態で行うと安定的にできるため望ましいです。しかし、通常の熱間圧延ではそれができず、スラブの一枚一枚を薄く延ばしてコイルにします。

このように、製品をひとつずつつくっていく方式をバッチ式と呼んでいます。バッチ式では、鋼板の先端や尾端がヒラヒラとした状態で搬送され、圧延や冷却が不安定になります。そうなると、操業トラブルが発生しやすくなったり、歩留りが低下したりする問題が発生します。

これに対して、鋼板をつなげて長くし、常に張力をかけた状態で圧延する方式を連続式と呼んでいます。

熱間圧延を連続式で行うには、仕上圧延の前に前後の鋼板をつなげる必要がありますが、厚みが30㎜程度と厚い高温の鋼板をつなげることは大変です。しかも、これを鋼板の温度が下がりすぎないように短時間で行わなければならないため、連続式の熱間圧延は長年、困難とされてきました。

前後する鋼板をつなげる、つなげた状態でうまく圧延する、圧延後に再び切断して複数のコイルを続けて製造するなどの要素技術の開発を進めた結果、1996年に連続式の熱間圧延が実用化されました。この技術はエンドレス圧延技術と呼ばれていて、現在は、JFEスチール東日本製鉄所千葉地区の第3熱間圧延工場とポスコ光陽の第2熱間圧延工場で行われています。

エンドレス圧延が行えるようになると、鋼板の先端、尾端がヒラヒラした状態がなくなるので、これまでよりも難しい圧延が可能となります。バッチ式では1・2㎜の厚みまでしか圧延できなかったものが、0・8㎜の厚みまで製造することができるようになりました。また圧延が休みなく続くため、生産能率も向上するという効果があります。

要点BOX
- 圧延は張力をかけて行う方が安定する
- 熱間圧延でも冷間圧延と同様に、鋼板の切れ目がないように連続して圧延したい

バッチ式の熱間圧延

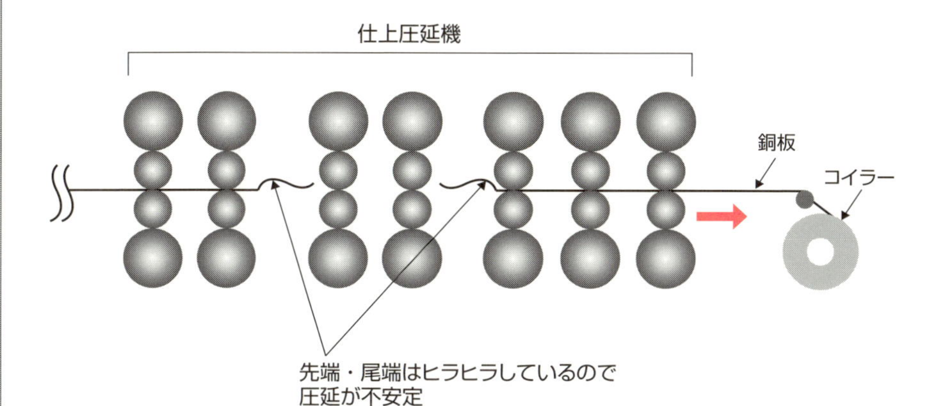

連続式の熱間圧延

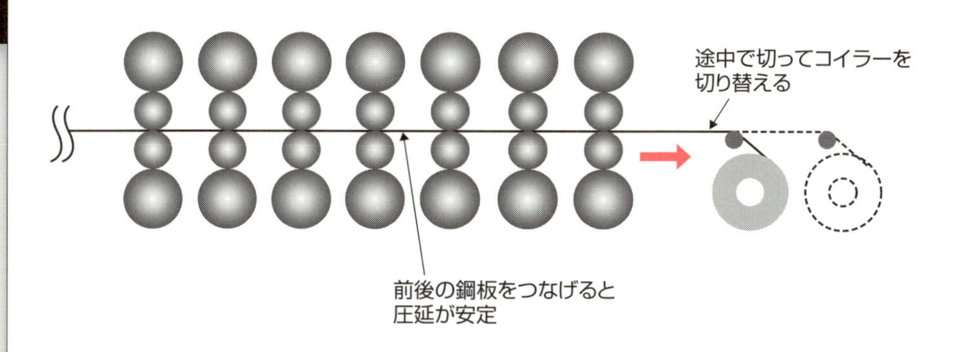

用語解説

張力圧延：鋼板の搬送方向に張力をかけて圧延すること。熱間圧延では、先端がコイラーに巻きついてから鋼板に張力がかかり、圧延が安定する

エンドレス圧延：粗圧延が終了した粗バーを前後でつなげて、仕上圧延を連続で行う技術。つなぎ目が仕上圧延中に破断しないように、溶接などできちんとつなげること、鋼板のつなぎ目を安定に圧延することができて初めて実現できる

49 熱延／冷延で特性が異なるロール材質

長もちする工具をめざして

圧延ロールには、材料と直接的に接触して加工力を伝達する役割があります。大きな加工力に耐えるだけの強靭で耐久性の高い工具として、これまでさまざまなロールが開発されてきました。

圧延ロールに使われるのは、鋳造による鉄や鋼、鍛造による鋼で、そのサイズは大きいもので長さ10m、直径2・5mで、重量では60tにも達します。またその構造も、ロール全体を一体物で製作するものや軸部と胴部を別の素材で構成する複合ロールとがあります。

熱間圧延に用いられるロールは、高温の材料とのすべりによって摩耗が大きくなるため、耐摩耗性の高いものが必要です。さらには表面の温度変動が大きいため、耐熱衝撃性に優れたロールが必要とされます。1990年代からは炭化物を多量に晶出させたハイスロールが実用化され、耐摩耗性が従来よりも5倍程度優れ、ロール寿命が大幅に向上しました。

一方、冷間圧延に用いられるロールには、高面圧に耐える耐久性と、鋼板の表面性状を維持するための優れた耐摩耗性（粗度維持性）や、鋼板との接触時の凝着を防止できる焼付き性に優れたロールが求められます。これに対して、1980年前後からは高クロム鋳鉄が使用されるようになり、ロールの熱処理によって非常に硬度の高い表面を有するロールが実用化されています。また、ロール表面に硬質めっきを施したロールなども使われています。

圧延ロールの代表的な製造法として、鋳造による方法としては軸材の外側から溶湯を流しかけながら凝固させ下部から引き抜く連続鋳掛法と、外層を遠心鋳造によってつくった後に軸材を鋳造する方法が知られており、高性能なロールが広く適用されるようになっています。なお、ロールが硬くなるに従って、表面を仕上げる研削技術の発展も高性能ロールの実用化に寄与しています。

要点BOX

- 耐摩耗性、耐熱衝撃性、耐凝着性などが必要
- 大きな荷重がかかる工具のため、高い信頼性が要求される

複合ロールの構造と組織

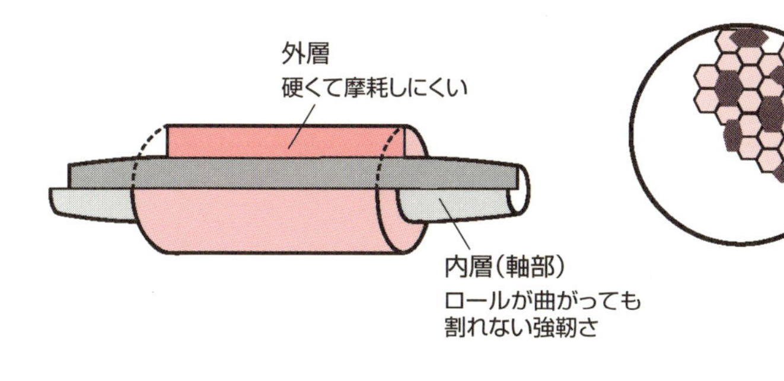

硬質な基地
Cr、Mo、Wなどの強化元素を含み、熱処理によって硬くする

硬質な炭化物
非常に硬いV、Cr、Fe系の炭化物が分散し摩耗を防止する

ロールの製造方法

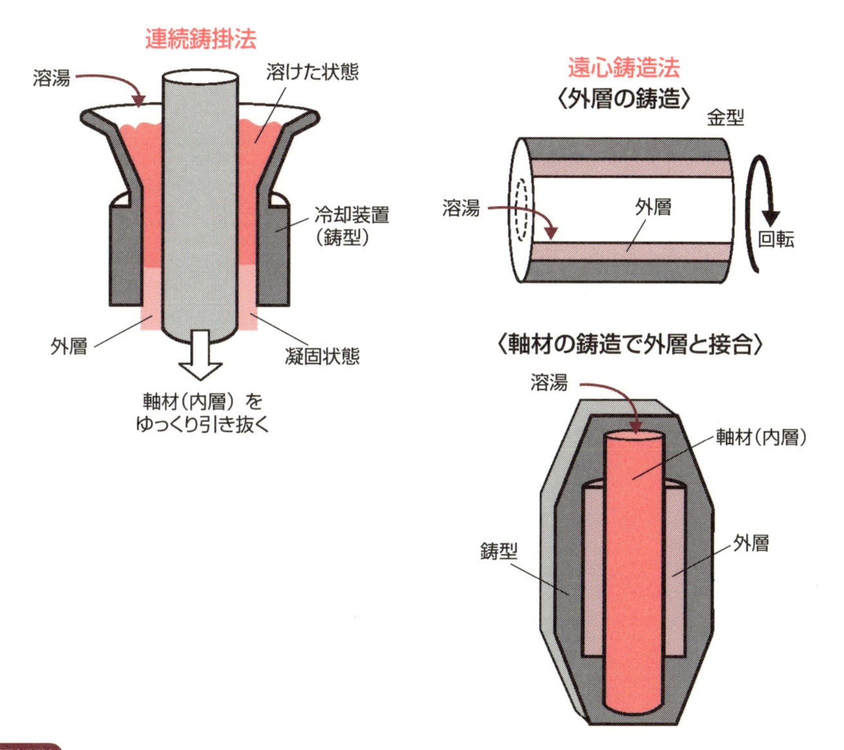

用語解説

ロールの構造：圧延ロールは非常に大型の鋳造・鍛造品だが、圧延で材料と接触するのはロール胴部の表面。そのため軸部は強靭な材料を使用して、外層に耐摩耗性に優れた材料を組み合わせた複合ロールが一般的

ハイスロール：ハイスとは高速度鋼(High Speed Steel)の略称で、高速での切削が可能な工具鋼から由来。熱処理によりマルテンサイトの生地にタングステン、モリブデン、バナジウムなどの微細な炭化物が析出分散した非常に硬い組織を有する

50 高速圧延に欠かせない潤滑

水と油の奇妙な関係

圧延ロールと材料との界面の摩擦力を低減し、焼付きを防ぐために潤滑剤が使用されます。特に、冷間圧延における潤滑の影響は非常に大きく、高速圧延を実現する上では欠かせない存在です。

一般の冷延タンデムミルで使用される潤滑剤は、油を水中に2%程度の濃度で含むエマルションが使用されます。水と油のため通常は混ざることはありませんが、洗剤などと同様に界面活性剤を含有させることで、数μmの大きさの油滴が水中に分散します。これは乳化とも呼ばれ、白く濁った外観の液体となります。私たちが知っている牛乳と同じで、脂肪分が粒になって水中に分散した状態です。

冷間圧延でこのようなエマルションを使う理由は、油による潤滑効果だけでなく、加工発熱によってロールと鋼板の接触界面の温度が上昇するのを抑制する水の冷却効果が期待できるからです。慣用的には、その冷却機能に着目してクーラントとも呼ばれています。

エマルションの潤滑効果については、奇妙な挙動を示すことが知られています。圧延機の入口では水と油の混合物であるエマルションを供給しているはずですが、ロールと材料が接触する加工部分の界面には、油だけが引き込まれて潤滑作用を発揮するというものです。エマルションが親油性の高い鋼板表面上で油膜を形成しながら水分を排除する機構(プレートアウト)や、加工部の入口付近でエマルションにかかる圧力が増加していくと、より圧縮性の高い油が優先的に引き込まれていくなどの機構(動的濃化)によって説明されています。

このようなエマルションは、圧延機に供給された後に回収され、混入した鉄粉などをフィルターによって除去しながら循環使用される場合が多いようです。これにより、潤滑剤の廃液が多量に発生するのを抑制しています。

要点BOX

- ●加工中の摩擦力を軽減する潤滑と、加工時の温度上昇を抑制する冷却はともに重要
- ●両方を兼ね備えた液体が活躍している

エマルション圧延油

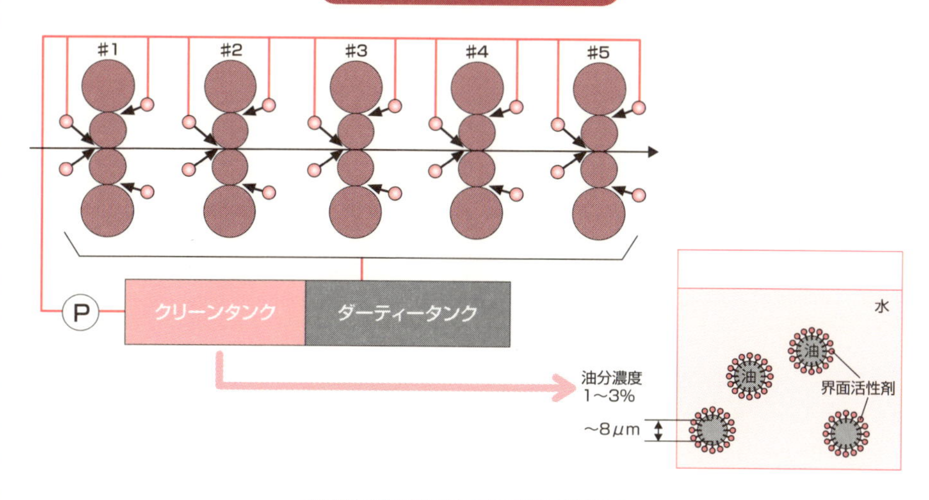

エマルションの潤滑機構

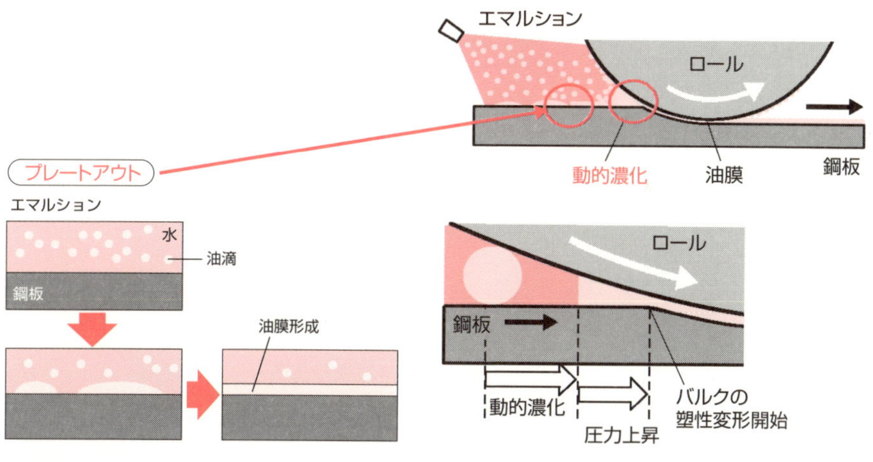

鋼板表面は水をはじき（疎水性）、油が付着する（親油性）を示すため油滴が優先的に膜を形成する

狭い隙間に閉じ込められると、圧縮されにくい水が優先的に排除されて油分の濃度上昇が起こり、ロールバイトに入る時点で100%濃度の油膜を形成する

用語解説

エマルション：水に油分が小滴となって分散している状態で、界面活性剤を使用し本来混じり合わない水と油を混合させたもの。水の冷却性と油の潤滑性を兼ね備えた液体として、金属加工で広く使用される

プレートアウトと動的濃化：水と油は本来混ざり合わず静置しておいても分離するが、親油性を示す鋼板表面ではより水と油の分離が促進され、これをプレートアウト（Plate-out）と呼ぶ。また、狭い隙間で圧力が発生すると、水の方が排除されやすい特性を利用して油膜が形成される挙動を動的濃化（Dynamic concentration）という

Column

圧延理論の巨人たち

高精度で高能率な加工を実現する圧延技術は、コンピューターを用いた計算機制御に支えられており、この制御ロジックは圧延現象を数式で表現する圧延理論に基づいています。圧延理論は、物理学、塑性力学、金属学をはじめ多くの研究者の努力の積み重ねの結果、構築されました。一般にも知られている著名な研究者の貢献もあり、その痕跡の一部をたどってみましょう。

塑性変形が始まる降伏条件を提案したのは、H. E. Tresca（1814―1885）です。塑性加工における荷重と変形抵抗との関係について研究を進め、その功績からエッフェル塔に名前を刻まれた科学者の一人となっています。

降伏条件の研究には、電磁気学のマクスウェル方程式で有名なJ.C. Maxwell（1831―1879）も関わっています。彼は1856年に、絶対温度の概念を提唱した熱力学の開拓者として知られるKelvin卿に宛てた手紙の中で、弾性ひずみエネルギーが所定の値を超えたときに塑性変形が始まることを述べています。

一方、現在広く用いられているミーゼスの降伏条件は、R. von Mises（1883―1953）によるものです。ミーゼスは航空機のテストパイロットの経験があり、飛行理論に関する著書のほか翼を持った軍用機の設計も行っていました。

圧延の材料流れの研究で有名なE. Orowan（1902―1989）は、Karmanの圧延理論を発展させ、変形の不均一性を考慮した理論を提案していますが、金属学の転位論の創始者としても知られています。Orowanとともに転位論で知られるG. I. Taylor（1886―1975）は、流体力学の権威でもあり、2種類の流体の界面におけるレイリーテイラー不安定性といった概念の提唱でも有名です。

最後に、周波数の単位で知られるH. R. Hertz（1857―1894）は電磁気学の分野で著名ですが、23歳のクリスマス休暇のときに考案した曲面体同士の接触変形に関する「ヘルツ接触」の問題は、圧延ロール同士の扁平変形を予測するために活かされています。

過去の偉人たちの幅広い知識と好奇心が、今の圧延技術にも受け継がれているようです。

第5章

製品の性能をつくり込む技術

51 圧延機はIT技術の塊

圧延機は最先端のIT技術を駆使して動いている

圧延機では、圧延荷重とロール速度、温度と冷却、クラウンと形状など、さまざまな圧延現象に関する物理モデルをコンピューターで計算・制御することで、高精度で安定した自動運転が実現されています。さらに、多くのセンサーの情報が蓄積されて物理モデルの学習を行い、精度を改善していくことも行われています。

圧延機を制御するコントローラーの数は50以上、センサーは2万点を超え、制御情報量も10万項目以上に及びます。しかし、コンピューターが用いられているのはそれだけではありません。

圧延には必ず前工程・後工程があり、それらと同期した圧延計画が計算され、組まれています。例えば熱間圧延ラインのように加熱炉～粗圧延機～仕上圧延機、冷却設備、コイラーと複数の装置により構成されているところでは、滞りなくかつ装置の空きもなく圧延が続くように材料の搬送タイミングが制御（ミルペーシング）されています。

最新の熱間圧延ラインでは、粗圧延後に中間素材である粗(あら)バーを溶接してつなげるため、このタイミングの制御が非常に重要になっています。圧延後のコイルをクレーンで運び、適切な置き場に置いて管理するのもコンピューターです。

最近では圧延機のさまざまな箇所での経年劣化や老朽化の状態をモデルにより予測したり、音により配管の状態を判断したり、さらにはそれらの情報を現場のオペレーターがタブレット端末を使って瞬時に把握するようなことも行われています。

コンピューターの容量が巨大化し、過去の操業結果を記録できる情報量が飛躍的に増大しています。これをビッグデータとして活用することで、熟練オペレーターに匹敵する高度な判断をコンピューターが行ったり、圧延の物理モデルの精度を飛躍的に向上したりすることも可能になっています。

要点BOX

- ●圧延技術に関する物理モデルだけでなく、最適生産計画に関するIT化も進んでいる
- ●ビッグデータの活用でより高度な生産へ

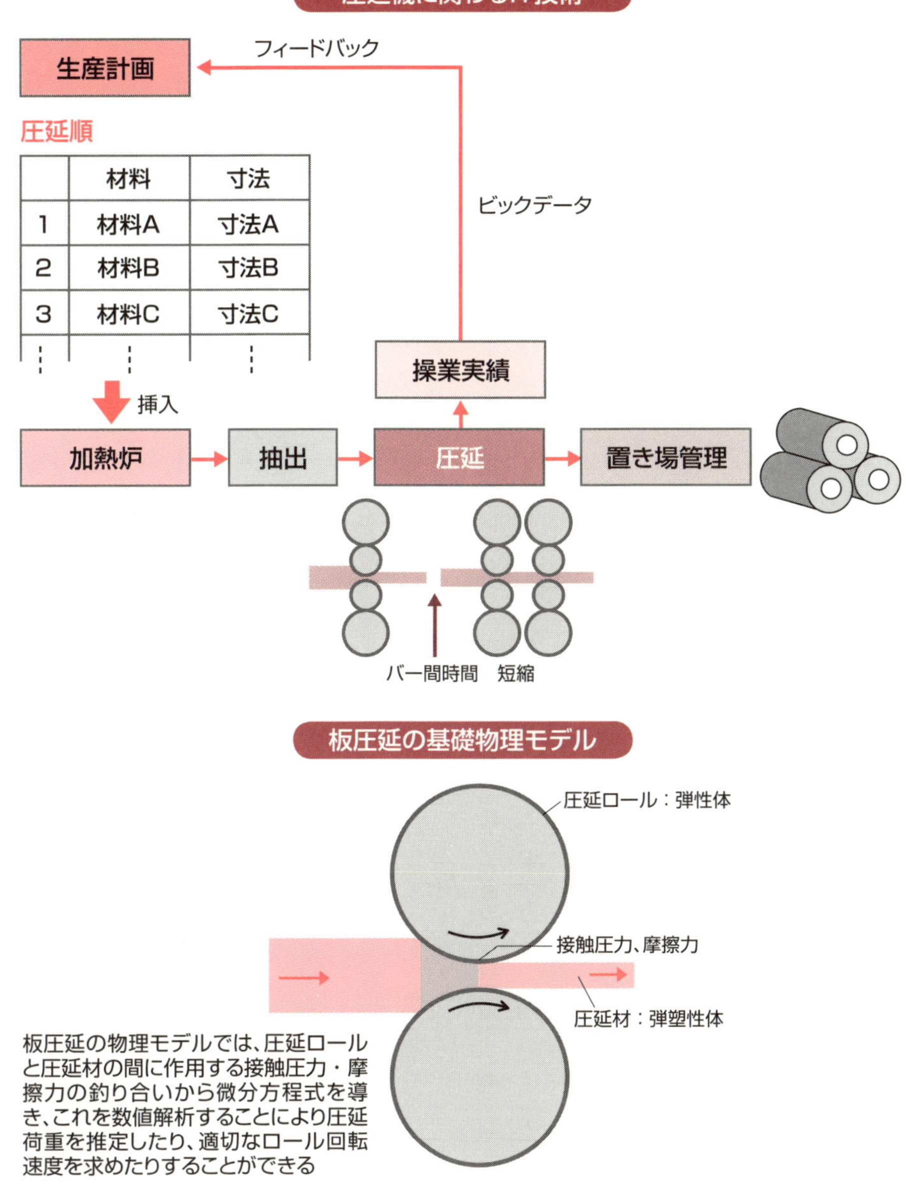

用語解説

ミルペーシング：例えば熱間圧延工程では、仕上圧延機に材料がない時間を極力短くするのが理想。そのため、加熱炉から加熱されたスラブをどの程度の間隔で出していけばよいか、途中の圧延や冷却に必要な時間も考慮しながら調整する必要がある

52 熱延後の冷却で金属組織が変わる

水冷で鉄の組織をつくり込む

熱間仕上圧延で板厚が決まった後の鋼板は、ランアウトと呼ばれる100m程度の長さのある冷却ゾーンに搬送されます。搬送用のロールがたくさん並び、それらがクルクル回ることで搬送される姿から、ランアウトテーブルと言われます。

強度や加工のしやすさなど鋼板の特性を決定するためには、熱間圧延後の冷却をどの程度の速度で何℃まで行うかが重要です。鉄にマンガンやシリコンを添加するなどして成分設計された鋼は、CCT曲線と呼ばれる組織変化の状態を表す図に基づき、ランアウトでの冷却パターンが決まります。

通常は850℃程度から600℃程度まで冷やしてフェライト組織をつくり込みますが、高張力鋼板では500℃以下まで冷やし、ベイナイトなどさらに緻密な結晶構造を持つ組織をつくり込む場合も多くなってきました。また、フェライトの粒子は冷却速度が速いほど細かくなり、強度が増大します。

鋼板がランアウトを走行する速さは、最高で時速90kmにも達します。ここで、毎分数十cmの水がたまるほど大量の冷却水が、鋼板の上下面に供給されるのです。冷却設備には、鋼板の幅方向にパイプ型のノズルやスプレー噴射型のノズルが一定間隔に設置されたヘッダーが並んでいます。長い冷却ゾーンのうち、どこで冷却水の供給を行うかをコンピューターが高速で計算し制御しています。搬送方向にも幅方向にも均一な冷却が行えることで品質の高い熱延鋼板が製造されます。

ランアウト冷却の開始前（仕上圧延後）と終了後（巻き取り前）には、放射温度計で鋼板の温度を測定し、製品の品質を保証しています。ちなみに冷却水は、蒸発でなくなってしまう量だけを補充しており、95%近くは循環させて使っています。しかし、それでも製鉄所で使う水は年間数億tという規模になるのです。

要点BOX
- ランアウト冷却は、鋼板の強度や加工のしやすさなどの特性を決める最も重要なプロセス
- 温度を測定して品質を保証する

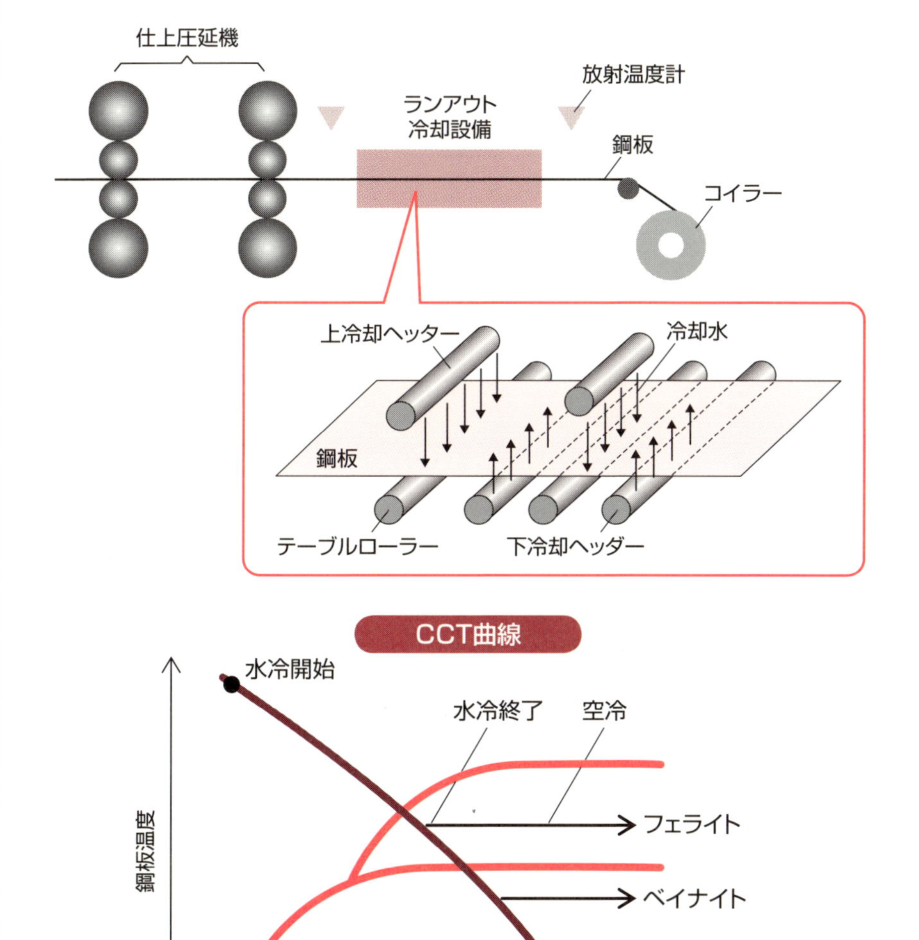

用語解説

テーブルローラー：搬送用のロールで、ランアウト冷却設備に数百本設置されている。その回転速度は、仕上げ圧延機の圧延速度や、コイラーでの巻き取り速度と一致させて運転しなければばならない

CCT曲線：Continuous Cooling Transformation diagramのことで、連続冷却変態曲線というよりもCCT曲線と呼ぶのが一般的。同じ冷却速度で冷却する途中で、どのような組織変化が起こるかを示した図。実験で調べた結果をまとめてつくるが、カーブは鋼の成分構成によって異なる

53 温度と圧延の微妙な関係

鋼の強さは圧延の温度や冷却によって決まる

厚みが1㎜以上ある鋼板は熱間圧延でつくります。強い鋼板をつくるには、どの程度の温度でどれだけ圧延し、どれだけ急速に冷やすかが重要です。

これは鋼の不思議な性質を利用しています。同じ鋼板でも真っ赤な状態から、何もしないでゆっくり冷やすと、比較的軟らかい製品になります。逆に真っ赤な状態で水槽に入れて急速冷却すると、硬く強い鋼板ができます。日本刀を鍛冶で鍛えて水で焼き入れて強くするのは、この原理を利用しています。

鋼の焼入れに水を使うのは、水が持つ高い冷却能力を利用するためです。水槽からブクブクと出てくる蒸気は、熱が鋼から水へ伝わるのを邪魔します。防水の服を着て、肌と服の間に空気の層をつくると水でも雪でも冷たくないのと同じです。水に入れた鋼は、蒸気がまとわりつくとあまり冷えないのです。しかし、水槽に入れた鋼を激しく動かして水と鋼が直接触れるようにすると、鋼は極限まで強くなります。

昔の人はこのような鋼の性質を利用して、モノづくりの技術を築き上げてきました。

現在の熱延ラインでは、温度の制御を正確に行いながら、例えば800℃前後の比較的低い温度で数十%の圧下率で圧延した後、水で冷却することで強い鋼板をつくっています。しかし、板厚が非常に厚い場合には、所定の温度まで下がるのに長時間かかることがあります。そこで、鋼板を水冷して素早く冷やすバークーラーと呼ばれる設備を用いています。一方、薄い板では冷えすぎの場合もあります。そんなときはバーヒーターという加熱設備を使います。冷やしたり暖めたりと忙しいですが、これを大量生産の圧延ラインでコントロールするのが、TMCP（Thermo-Mechanical Control Process）という日本が得意とする技術です。古来の匠の技を受け継ぎながら、製造条件を決められた通りに制御することで高品質な製品を製造しています。

要点BOX

●古来、鋼は鍛えて焼入れし、強くしてきた
●熱間圧延ラインでは圧延と冷却の温度を制御し、多彩な鋼の性質を引き出している

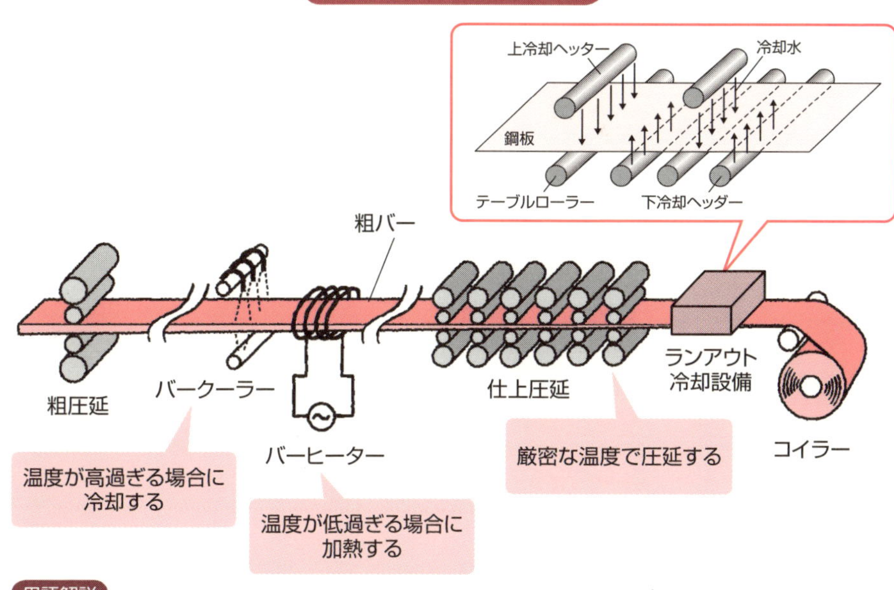

用語解説

バークーラー：中間厚さの板（バー）を圧延温度を適切にするために水冷する装置
バーヒーター：中間厚さの板（バー）を圧延温度を適切にするために加熱する装置。高速で搬送される圧延材の温度を上げるため、出力の高いIH（誘導加熱）を用いる

54 冷却や変形の不均一から発生する残留応力

切断した後で現れる反りや曲がりの原因

製鉄所から出荷された鋼板はその後、最終製品の用途に応じて小さく切断されます。このとき、大板の状態では平坦だったものが、切断後の小板になった途端に、反ったり曲がったりする現象が表れることがあります。これは、鋼板の残留応力によるためです。残留応力とは、物体に外部から力をかけない状態でも、物体内部に残っている応力のことです。

残留応力が鋼板に発生するのは、主に高温からの冷却過程で発生する場合と、圧延加工によって発生する場合とがあります。鋼板を冷却する過程では、面内での端部と内部、厚み方向での表層と中心部で冷え方が異なることで不均一な熱収縮が起こり、残留応力が発生します。例えば、板面内側の部分は端部よりも温度が高いため、常温まで冷却すると相対的に熱収縮が大きくなり、結果として引張応力が働きます。逆に端部には圧縮応力が働くため、この状態で小板に切断すると曲がり（条切りキャンバー）が発生することがあります。

また、圧延により残留応力が発生するのは、板の表層と内部側で変形の仕方が異なることが原因です。圧延中の板は、ロールバイト入側では表層が中心よりも大きく伸びますが、出側に向かうにつれて中心の方の伸びが大きくなります。最終的に表層と中心のどちらの伸びが大きいかは、ロール径や板厚、接触部の摩擦状態などの条件によって変わります。

これまで、残留応力を低減するためにさまざまな技術が開発されてきました。例えば、厚板の加速冷却を鋼板面内で均一に行うことは、残留応力を発生させないために重要なことです。また、レベラーと呼ばれる矯正工程が、熱間（加速冷却の後）でも冷間（厚板が十分に冷えた後）でもあります。レベラーは、鋼板の幅全体に均一な曲げ変形を繰り返し付与し、その曲げの大きさを徐々に小さくしていくことで、残留応力を低下させることができます。

要点BOX
- 残留応力とは、物体に外部から力をかけない状態でも、物体内部に残っている応力のこと
- 残留応力はレベラー矯正などで低減する

残留応力の問題

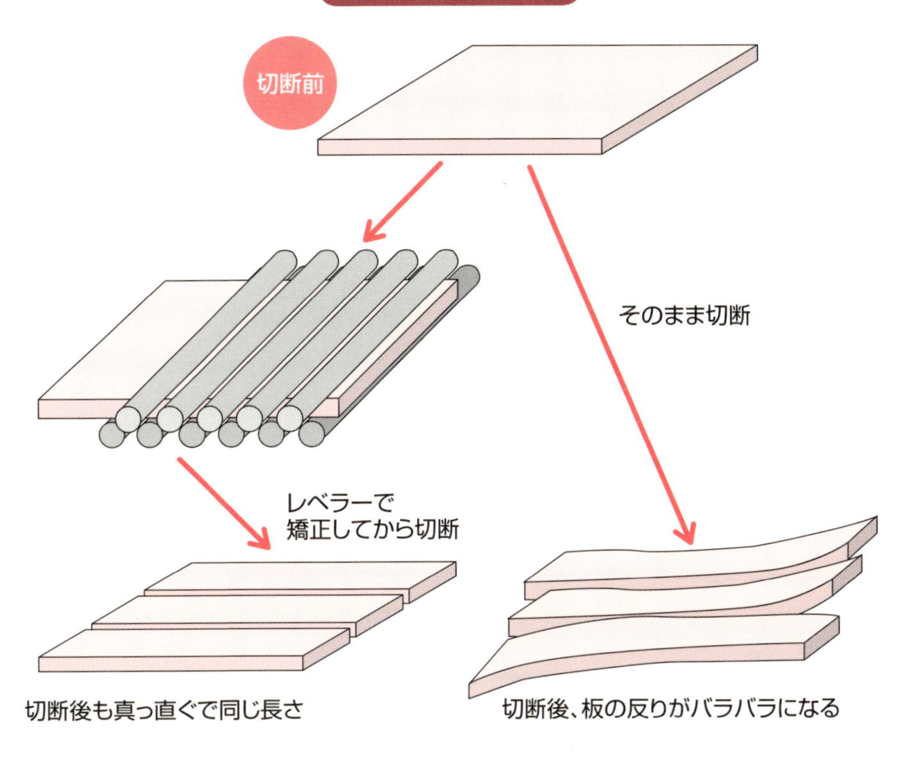

残留応力の除去（レベラー）

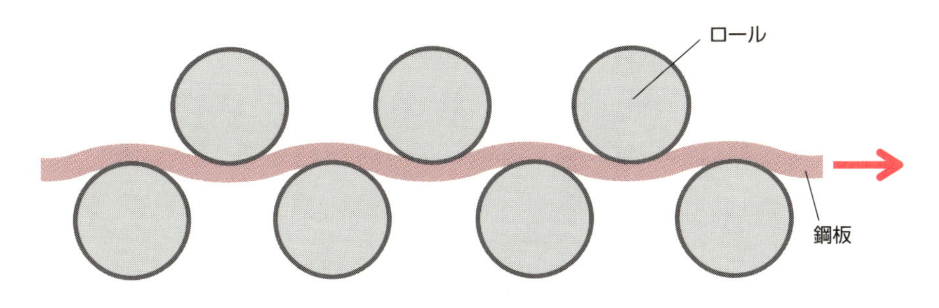

ローラーレベラー

用語解説

ローラーレベラー：上下交互に配置したロール列間に鋼板を通過させ、矯正する設備。鋼板の表裏層に曲げ、曲げ戻しを繰り返し与えて、反りや残留応力を低減する

55 突起付特殊鋼板の製造方法

圧延で表面凹凸をプリント

流し台の素材として使用されるステンレス製のエンボス鋼板や、階段や工事現場の敷き鉄板として使われる滑り止め用の突起付の縞鋼板、そして建設用に使われる合成構造鋼管用素材であるリブ鋼板など、私たちの生活の中では突起付の特殊な鋼板が多く使用されています。

実は、これら特殊な鋼板の突起（リブ）形状は圧延で成形されています。圧延ロール表面にカリバーと呼ばれる溝が掘り込まれていて、圧延で板厚を減少させると同時に、そのカリバー形状を材料に転写してリブ形状を成形しています。エンボス鋼板や縞鋼板用のカリバーでは数㎜の深さの規則的なパターン、そしてリブ鋼板用のカリバーでは幅方向に30～40㎜の一定ピッチの円周溝が形成されています。

例えば、リブ鋼板を素材として製造されるリブ付スパイラル鋼管は、構造物の耐震性向上を目的にコンクリートを充填して使われるので、コンクリートとの密着性を高める（接触面積を増やす）ために所定のリブ高さを確保することが重要になります。用途に応じて鋼板の片面のみにリブが成形されているものと、両面に成形されているものがあります。

リブ周辺部は圧延時に複雑な3次元変形をすることから、製品に必要なリブ形状、特にリブ高さを確保するためにはリブ幅やリブ勾配などのカリバー形状のほか、圧延ロール径や圧下率などの圧延条件を最適化することが大切です。特にリブ高さは圧延時に作用する張力の影響が大きく、板幅方向に数十本もあるリブ高さを均一に成形するには、圧延荷重による圧延ロールのたわみ変形を適切に制御し、張力の板幅方向の大きさを均一にする必要があります。

リブ鋼板や縞鋼板のほとんどが熱間圧延プロセスにて製造されており、酸洗しない黒皮の状態で製品となります。一部、化学プラントや食品工場などではステンレス製の縞鋼板も使用されています。

要点BOX

- ●滑り止めなどに利用される特殊鋼板の突起は圧延で成形する
- ●突起の周辺部は複雑な3次元変形をする

圧延によるリブ鋼板の製造

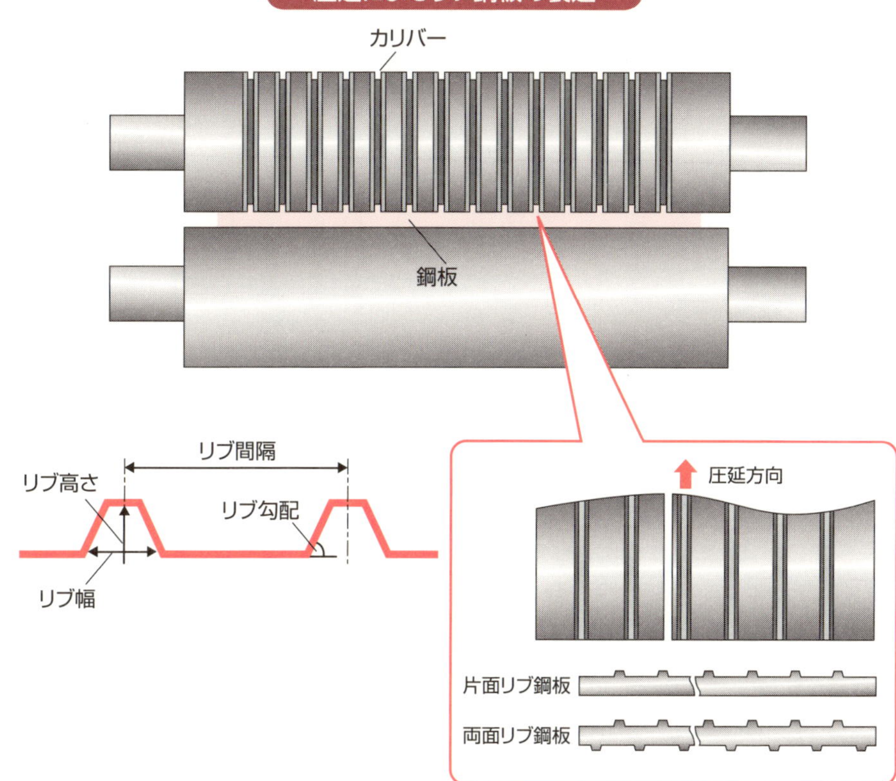

縞鋼板

縞鋼板の模様

縞鋼板を使用した階段

用語解説

合成構造用鋼管：鋼管と他の素材（コンクリート、ソイルセメントなど）との合成構造とした鋼管杭の一種

56 圧延による表面のつくり込み

ミクロンオーダーの凹凸が決める機能

圧延により所定の厚みまで薄くされ、焼鈍（焼きなまし）工程で材質調整された鋼板は、最後に調質圧延（スキンパス圧延）と呼ばれる圧延が再度行われます。圧下量は通常1％程度とごくわずかですが、製造工程の最終プロセスとしてさまざまな役割を担っています。

調質圧延の1つ目の役割は、材料の硬さなど機械的性質を調整し、顧客にとって使いやすくすることです。焼きなましたままの材料に特有の不安定な変形特性（降伏点現象）を除去します。

2つ目の役割は形状矯正です。わずかな不良もないように、最後に平坦度をもう一度直す機能があります。

3つ目の役割が表面粗さの調整です。一見するとわかりませんが、鋼板表面にはミクロン単位の細かい凹凸（表面粗さ）があります。この凹凸を意識的につくり込むことで、鋼板にさまざまな機能を持たせることができます。建物の縁や電線などを自動車のボディーに映し込むと、線がうねっていることがわかります。この映し込み（鮮映性と言う）は凹凸が小さいほど良くなります。

一方で自動車用鋼板は、ドアやボンネットなど複雑な形にプレス成形されますが、成形をしやすくするため、凹凸にある程度の大きさを持たせ潤滑油を閉じ込めるポケットの役割を担わせています。また、塗装やその下処理の安定性にも凹凸の付与が必要で、完全に平らなものが良いわけではありません。もちろんステンレス鋼板やアルミ箔のように、凹凸を極力なくしたピカピカな表面をつくる場合もあります。

このような表面凹凸は、調質圧延のロール表面の凹凸を転写させることでつくり込まれます。ロール表面の加工方法も、硬い粒子をぶつけたり（ショットブラスト）、電気のスパークを飛ばしたり、レーザを照射したり、目的に応じた工夫が為されています。

要点BOX

- ●調質圧延は薄板製造プロセスの最終工程
- ●ごくわずかな加工で、さまざまな機能を付与する重要な役割を担っている

調質圧延の位置づけ

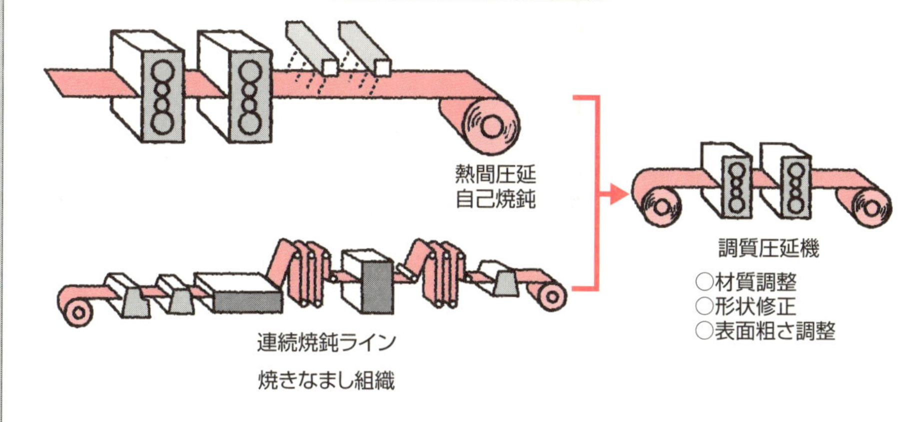

表面粗さの主な機能

表面粗さプロフィールの例（電子顕微鏡で調査した例）

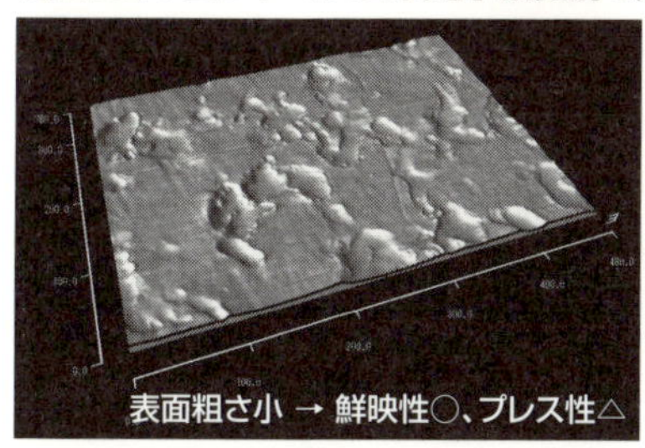

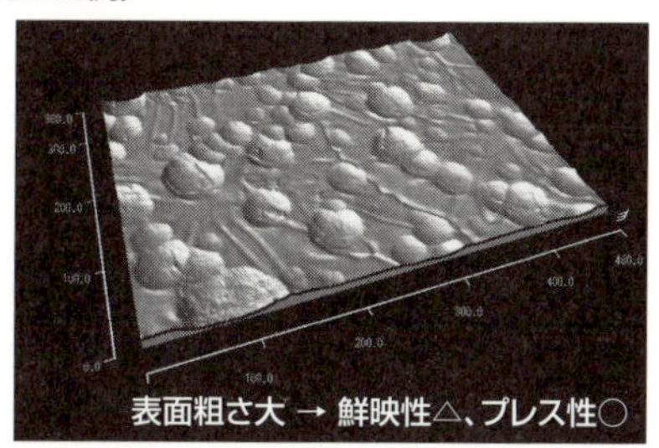

同じような凹みがあるが、右の方が全体的に凹みが深く「粗さが大きい」ことがわかる。一般に粗さが大きいほど鮮映性は悪く、逆にプレスはしやすい

表面粗さ影響の例

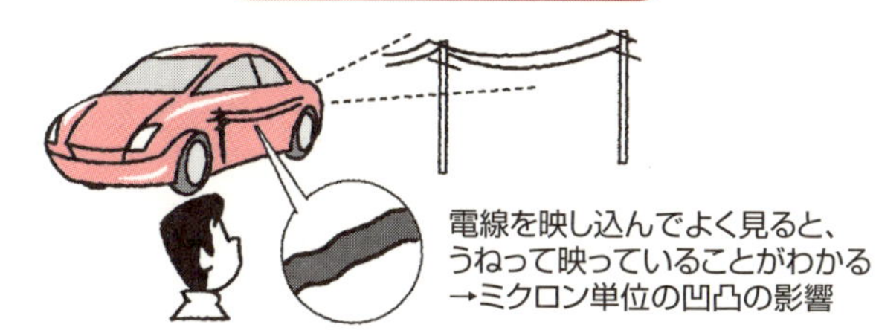

用語解説

表面粗さ：鋼板表面には顕微鏡でしか見えないミクロンオーダーの凹凸が存在し、人間の眼への見え方やさまざまな表面の機能に関係している。その測定と定量化の方法は規格で決められ、表面機能の推定に利用されている

降伏点現象：鋼板を変形させようとすると、最初に大きな力を必要とした後、力が抜けたようにスッと変形が進み、その後再び大きな力をかけていかないと変形しなくなる。このように、途中で腰が抜けたようになる現象を降伏点現象と呼び、例えば自動車外板にしわ状の外観不良をつくる原因となる

57 異なる金属を合体させたクラッド鋼板

複合特性を持つ高機能鋼板

クラッドとは、2種類の性質の異なる金属を貼り合わせた鋼板のことを言います。単一材料では得ることのできない複合特性を持つことが特徴です。古くは、日本刀に代表されるように強度の高い鋼（高炭素鋼）と、しなやかさを持つ鋼（低炭素鋼）を巧みに層状に接合させた刃物が挙げられます。最近の身近な例では、熱膨張率が異なる2種類の金属板を貼り合わせたバイメタルがあります。温度の変化によって曲がり方が変化する性質を利用し、電気回路のスイッチとして用います。クリスマスツリーの点滅やアイロンの温度調整にも使われてきました。

クラッド鋼板は、化学プラントやケミカルタンカー、天然ガス輸送用パイプなど厳しい環境下で使われる部材として多用されています。強度や耐摩耗性を受け持つ普通鋼板を母材とし、その表面に耐食性や熱伝導性などの機能を有した材料（合わせ材）を組み合わせて製造されているのです。

例えば、南極観測船（しらせなど）の船体にはステンレスクラッド鋼板が使われています。砕氷しながら海を進む際、氷に当たっても船体が削れないような耐摩耗性と、海水で腐食しないような耐食性を兼ね備えたステンレスを被覆したものです。極地開拓という厳しい環境には不可欠な材料と言えます。

クラッド鋼板の製造法には、用途に応じて爆着圧着法や肉盛溶接法、そして鋳込み法などいくつかありますが、大型で高い寸法精度が要求される部材には組み立て圧延法が用いられています。

組み立て圧延法では母材と合わせ材のスラブをサンドイッチ状に重ねて、周囲を溶接するスラブ組み立てを行います。組み立てられたスラブを加熱炉で所定の温度に加熱後、製品厚みになるまで熱間圧延を行います。母材と合わせ材は、圧延前に端部のみ溶接しますが、圧延によって母材と合わせ材の界面全体で金属結合により強固に圧着されます。

要点BOX

- 強度と耐食性など異なる性質を有する鋼板を圧延で貼り合わせた特殊な鋼板
- 熱間圧延で母材と合わせ材を圧着させて製造

クラッド鋼板の構造

圧延クラッド鋼板の組み立て圧延方法

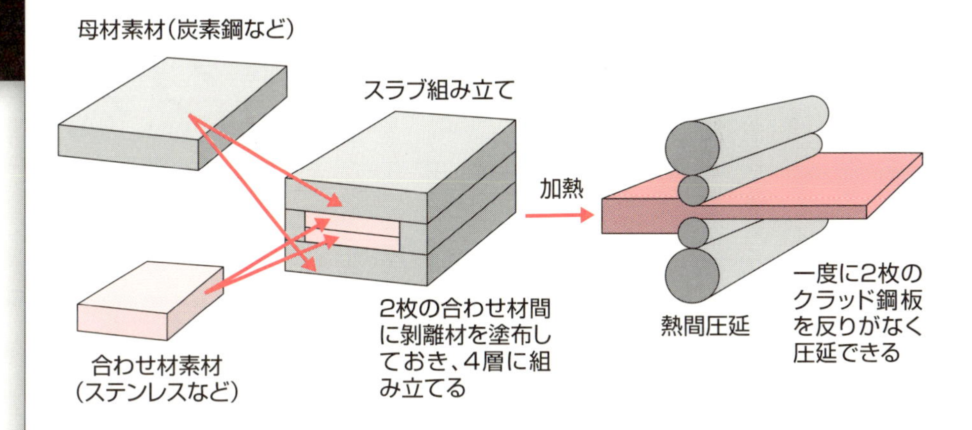

用語解説

熱膨張率：温度の上昇によって物体の長さ・体積が膨張する割合を、1℃当たりで示したもの。長さが変化する割合を線膨張率、体積が変化する割合を体積膨張率と呼ぶ

金属結合：金属は溶かさなくても、原子を一定の距離まで縮めると、原子間引力により互いに結びつこうとする性質を持っている。クラッド圧延はこの金属結合の原理を利用している

58 輪も圧延でつくるリングローリング

継ぎ目のない輪をどうやってつくる

世の中に回転する機械は多数存在します。飛行機などのジェットエンジンや火力発電所のガスタービンはその代表例です。燃焼ガスは高温高圧になりますが、そんな厳しい環境下でも高速で安定した回転を維持することが、安全を確保するために極めて重要です。

このような回転機械に用いられるリング状の部材を製造する方法として、リングローリングが用いられます。これはリング状の材料を、一組のロールで半径方向の厚みを減らしながら、大きな直径のリングに成形する塑性加工法です。

板材を曲げてリングをつくる場合は必ずつなぎ部（溶接部）ができ、局部的に材料の組織や特性が異なる部分ができてしまいます。しかし、この方法であれば円周方向に均一なものができるため、高い信頼性が要求される高速回転部品には欠かせない製造法と言えます。

リングの半径方向の厚みを減らすための方法は通常の圧延と同様で、加熱した穴のあいた素材の中に圧延ロール（マンドレル）を通し、外側のロール（主ロール）との間で圧縮加工を加えていきます。減厚することで円周方向に延伸するため、減厚が大きいほど直径の大きなリングを成形できるのです。

また、ロールに溝形状をつけることで単純なリングではなく、部品形状に近い製品を得ることも可能です。さらに、加工品は回転による繰り返し加工を受けることで、円周方向に均一で微細な内部組織が得られるため、熱処理を施しても熱変形が小さい点も特徴です。

塑性加工によって複雑な形状の部品を成形し、切削などの機械加工を省略することをニアネットシェイプ化と呼んでいますが、リングローリングはその代表的な加工法と言えます。最近では、軸受部品の一部など、中小型部品では冷間リングローリングも行われ、研磨工程の省略も可能になっています。

要点BOX

- ●輪の形状の機械部品は全周で強さが必要
- ●リングローリングでは輪の形のまま圧延する

リングローリング

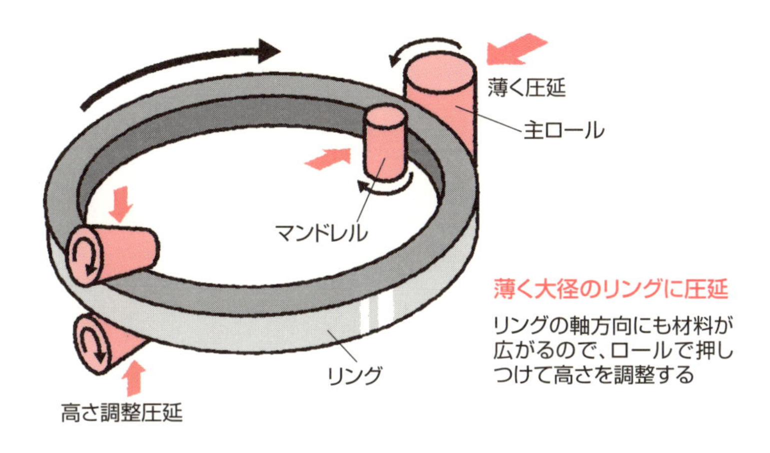

リングローリングの製品

ジェットエンジンのリング

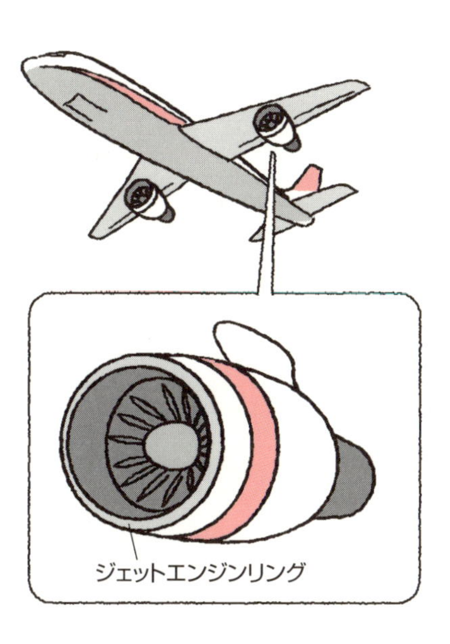

用語解説

リングローリング：一体の素材に穴をあけ、穴の中に通した圧延ロールと外側の圧延ロールで圧延すると、直径が大きく薄肉で一体の輪（リング）をつくることができる

Column

「航空工学の父」が圧延の理論を導いた

セオドア・フォン・カルマンは「航空工学の父」とも、「20世紀最高の流体力学の権威」と呼ばれるハンガリー出身の航空工学者です。1902年にブタペスト大学を卒業後、アーヘン工科大学の航空研究所所長などを歴任し、1959年に設立された「アメリカ国家科学賞」の最初の受賞者でもあります。また、円柱の後面に生じる渦列（カルマン渦列）の挙動を解明し、流体力学をかじったことがある人なら誰でも聞いたことがある巨人です。

そのカルマンは圧延の基礎を切り開いた先人でもあります。圧延中の材料にかかる力の関係を、微分方程式として表現し、加工に必要な力を導く理論を1925年に発表しました。それは応用力学の会議のためのわずか3ページの論文でしたが、現在の圧延理論のエッセンスが詰まったものです。

その後、カルマンの圧延理論をもとに、変形の不均一さを取り入れた理論や微分方程式を解かなくても簡易計算を可能にする理論、3次元の変形を表す理論などさまざまな形に発展して現在に至っています。今では有限要素法などにより、圧延される材料の変形や応力の状態も詳しく知ることができるようになりましたが、実際の圧延現象を深く理解するにはカルマンが構築した圧延理論を知ることが第一歩となります。さらに、コンピューターを活用して複雑な制御をしている圧延機では、カルマンの圧延理論に基づいた圧延条件と圧延荷重などの関係式により、基本的な設定が行われているのは世界共通です。

「科学者はあるがままの世界を研究し、工学者は見たこともない世界を創造する」――。セオドアの言葉だそうです。その言葉通り、経験に頼っていた圧延作業を理論によって技術に発展させ、新たな圧延の世界のドアを開けてくれたと言えるでしょう。

黎明期の圧延

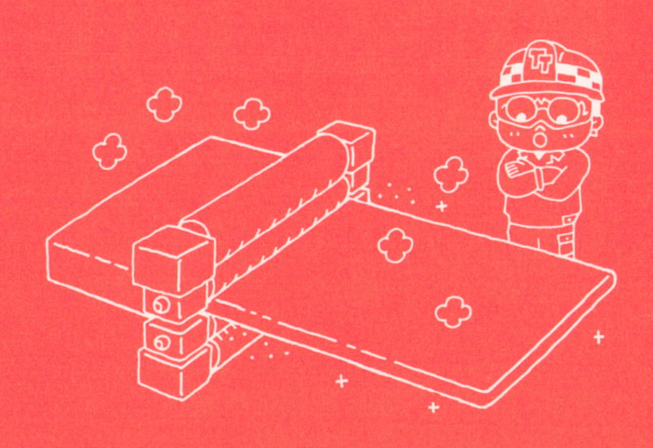

59 貨幣の製造でも圧延が活躍

明治の造幣局創設とともに導入された近代工業の先駆け

私たちの身近なモノとして目にしない日はない硬貨。その中間素材が圧延によってつくられていることをご存知でしょうか?

貨幣は、銅を主成分としてニッケル、亜鉛、錫(すず)などを含む青銅、白銅、黄銅やアルミニウムなどを原料としています。電気炉で溶解して鋳造した後に熱間圧延・冷間圧延を経て、中間素材としてのコイルが製造されます。その後、円盤状に打ち抜かれて、縁部の模様付けが行われた後、金型により表裏面に模様が付与されるのです。

日本で貨幣の製造に圧延が使われたのは、明治4(1871)年に大阪造幣局が創設されてからで、当時香港にあったイギリス造幣局の設備一式を購入したとのことです。その中には、20馬力の蒸気機関2基のほか溶解炉18基、圧延機8台などがありました。当時としては世界最大規模の造幣局で、明治初期の工業化を先導する役割も担っていたようです。

明治4年というと、新しい貨幣制度により円・銭・厘が定められた年です。まず金貨や銀貨が製造され、やや遅れて銅貨の製造が開始されました。大正期になると圧延機の動力は、蒸気機関から電気に変わり、設備も大型化していきました。

昭和初期までの貨幣製造は冷間圧延によるものでした。それが昭和8(1933)年に、ニッケルを含む貨幣の製造に際して高周波電気炉が採用されるとともに、硬くて延伸しにくい材料を効率的に薄くすることを目的に熱間圧延工程が導入されたのです。さらに、昭和20年からは冷間圧延機も4段式圧延機となり、昭和38年以降に圧延板のコイル化が開始されました。

なお現在は、大阪ではなく広島に圧延板製造工程が集約されたそうですが、造幣局のホームページには貨幣を圧延する様子が示されています。興味がありましたらアクセスしてみてください。

要点BOX
- ●明治4(1871)年に大阪に造幣局を創設
- ●圧延機を使った貨幣の製造が開始

金属でできた貨幣

ニッケル黄銅

（銅・ニッケル）

（銅・亜鉛・錫）

（銅・亜鉛）

純アルミ

貨幣の圧延作業

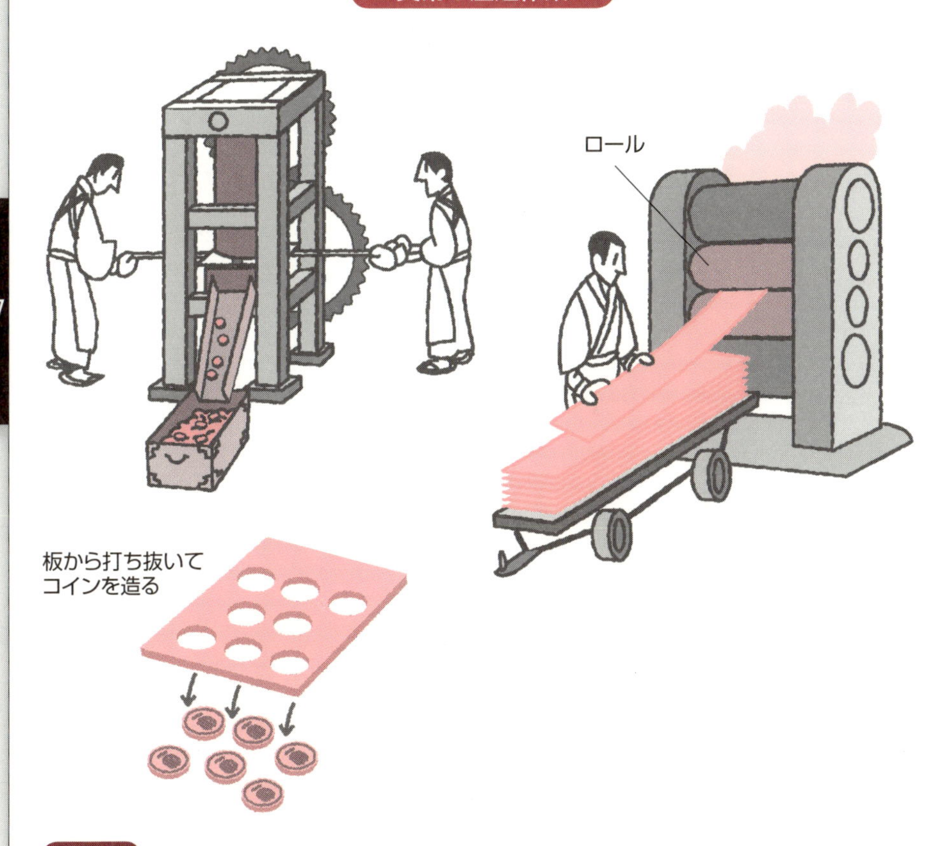

用語解説

青銅、白銅、黄銅：青銅は銅と錫の合金で、英語ではブロンズ。大砲に用いられたことから「砲金」とも呼ばれる。白銅は銅とニッケルの合金。洋白とも呼ばれる。黄銅は銅と亜鉛の合金。真鍮の別名

造幣局：大阪市に本局、東京都および広島市に支局を持つ独立行政法人。明治政府によって大阪に創設され、現在では硬貨の製造のほかに勲章や褒章などの製造、貴金属製品の品位証明などの事業も行う

60 蒸気機関と圧延の歴史

産業革命期には、鉄道は製鉄業の子供と呼ばれた

18世紀後半の産業革命で最も重要な発明の一つがジェームズ・ワット（1736〜1819）による蒸気機関です。その実現には、ウイルキンソンによる中ぐり盤の発明（1774年）が大きな貢献をしました。蒸気機関のシリンダーの内壁を精度良く加工する機械をウイルキンソンが実用化したことで、蒸気機関が完成したわけです。ウイルキンソン家は、代々イギリスで製鉄所を経営していたことから、蒸気機関で圧延機を駆動することを思いつき（1792年）、これが圧延機が大型化していく契機となりました。

一方、ジョージ・スチーブンソンは1830年のリバプール・アンド・マンチェスター鉄道の蒸気機関車を開発したことから、蒸気機関車の父と呼ばれています。しかし、蒸気機関車の発明者は、1804年に南ウエールズで機関車を走らせたリチャード・トレヴィシックと言われています。トレヴィシックが開発した蒸気機関車は、約15t貨物を載せて時速8㎞でしか走れなかったのに対し、スチーブンソンのものは時速40㎞、40tの貨物を運ぶことができたそうで、実用的な価値からスチーブンソンの名前が広く知られるようになりました。

両者の違いには、レールが大きな影響を与えたとされています。トレヴィシックは鋳鉄のレールを使っていましたが、重量の大きい蒸気機関車には脆くて使い物になりませんでした。一方、スチーブンソンは高価でも耐久性の良い錬鉄を使い、圧延によりレールを製造したことから大きな貨物を運べる鉄道が実現したのです。

貨物の重量が増加すると、それに耐えられる大きなレールが必要になります。そして、大きなレールを製造するには大きな動力の圧延機が必要となり、その動力を生む蒸気機関も大型化していったわけです。鉄道の発展と圧延機の大型化が競うよう進んだのが19世紀後半のイギリスでした。

要点BOX
- ●蒸気機関の駆動で圧延機が大型化
- ●鉄道と圧延機は、レールの大型化を通じて密接な関係をもって発展した歴史がある

産業革命期の蒸気機関車

レールの大型化

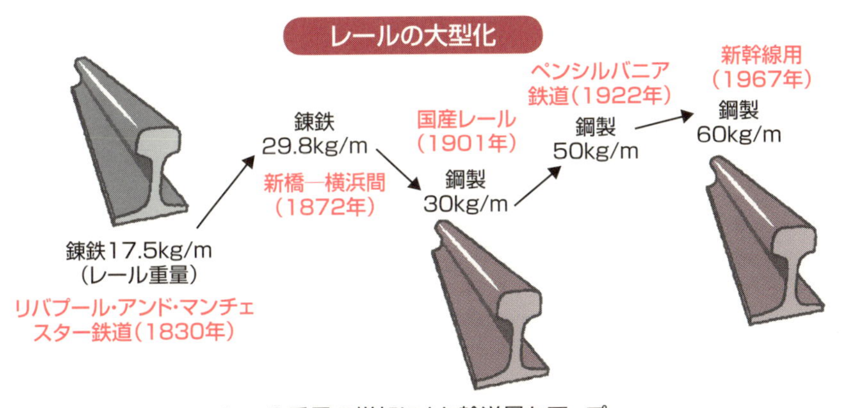

レール重量の増加により輸送量もアップ

用語解説

ジョージ・スチーブンソン：(George Stephenson 1781～1848) イギリスで蒸気機関車を使った公共鉄道の実用化に成功。当時のレール幅「4フィート8.5インチ」(1,435mm)は、「スチーブンソンゲージ」とも呼ばれ、世界各地で標準化

錬鉄：鉄の合金であり、製鋼法の発展により鋼が実用化されるまで広く使用されていた。炭素含有量が0.08％未満と鋳鉄(炭素2.1～6.7％)に比べて極めて少なく、圧延のような加工を施すことができ、耐久性が高く割れにくい鉄として用いられた

61 ヘンリー・コートによる圧延法の発明

新たな金属の時代の幕開けとなったパドル法と圧延法

近代製鉄技術の萌芽期におけるヨーロッパでは、それまでの木炭を使用した製鉄法から石炭（コークス）を使う方法に移行していきました。特にイギリスは木材資源に乏しく、スウェーデンやロシアからの輸入に頼るという背景がありました。しかし、石炭には硫黄などの不純物が多く含まれているため、高品質な鉄をつくるためには不純物を取り除く必要があったのです。

当時、海軍向けの政府調達品を扱っていたヘンリー・コート（1740〜1800・イギリスの海軍代理商）は、輸入鉄に依存したイギリスの状況を打開するために工場主に転身し、良質な鉄を製造するための方法として、パドル法と圧延法を発明し特許を取得しました。

パドル法は溶けた鉄に含まれる炭素を減らすために、鉄棒でかき混ぜて反応を促進させる方法です。水飴状の鉄を、高温のままハンマーでたたいて内部の不純物を搾り出してから、圧延によって板の形状にしました。この段階でできた鉄の品質は粗悪なため、板をワイヤーで束ねてから圧延機に複数回通して、所望の品質をつくり込んだわけです。

コートの圧延法は鉄を熱いうちに圧延する方法であり、これによってイギリスで高品質な鉄の大量生産が可能となって、産業革命を牽引しました。その後、19世紀半ばに新しい製鋼法（ベッセマー転炉）に移行しましたが、コートの発明はヨーロッパ大陸の木炭精錬の時代を終焉させ、大英帝国繁栄の基礎を切り開いたという歴史的な意義があります。

このように、当初の圧延法はパドル法と一体でした。それから、圧延機の動力源が水車から蒸気機関へと移行し、圧延機の大型化が進行することになったのです。一方、パドル法は依然として人手でかき混ぜる方法でした。より大量生産が必要とされる時代になると圧延法はパドル法とは分離して、独自の発展を遂げるようになりました。

要点BOX

- 鉄の熱間圧延は1783年のヘンリー・コートによる特許取得を契機に発展
- 圧延で不純物を除去して石炭による製鉄法を先導

パドル炉

パドル　窓

石炭

空気

棒についた水あめ状の鉄（錬鉄）を取り出す

反応しにくくなるのを防ぐために窓から棒（パドル）を差し込んでかき回す

炭素が失われると融点が上昇して溶けた鉄の粘性が上がる

炭素を多く含有する鋳鉄

石炭の火焔により鋳鉄を溶かすと石炭中の不純物が鉄に混入しない。その中に酸素を送ると、鋳鉄中の炭素や不純物を燃焼除去できる

パドル炉で得られた錬鉄の圧延

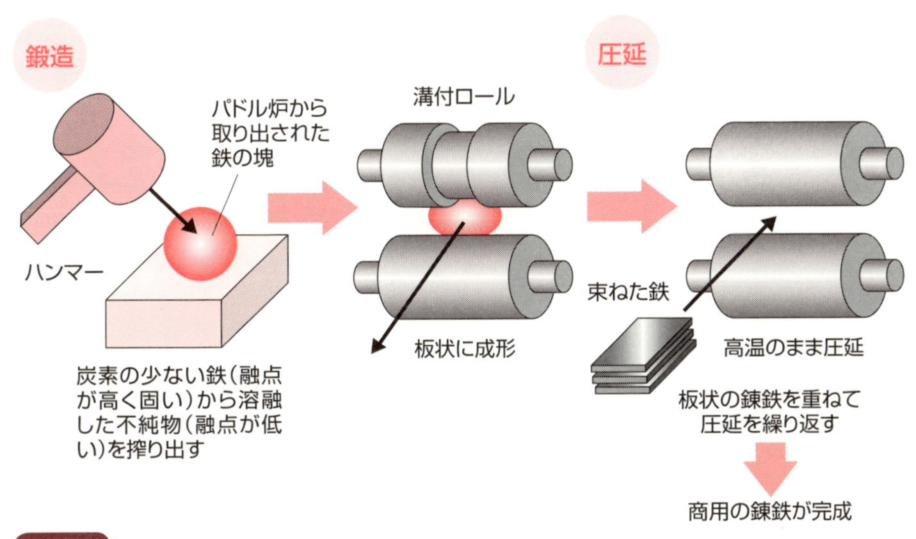

用語解説

パドル法：反射炉で銑鉄を加熱して炭素含有量の少ない鉄（錬鉄）を得る方法。コークスを使った反射炉の中で半溶融状態となった銑鉄を、鉄の棒で攪拌（パドル）して脱炭を促進させる。パドル（paddle）とはボートを漕ぐのに使う櫂を意味する

ベッセマー転炉：ヘンリー・ベッセマーの発明による世界初の転炉（1856年）。銑鉄に空気を送り込むことで、燃料の補給なしに、銑鉄に含まれる炭素を燃焼除去して鋼に転換する。鋼の大量生産が可能となり、錬鉄の時代が終焉した

62 国産化した缶詰用ブリキの圧延

食料の拡大と戦争に備えて進められたブリキ板の圧延

飲料缶や食缶に使用されているブリキは、薄くまで圧延した低炭素鋼板に錫(すず)をめっきしたもので、耐食性に優れ、溶接ができることからさまざまな用途に用いられています。

缶詰の原理は、ナポレオンの指示によりフランスで生まれました。長期の外国遠征の際に、栄養豊富で新鮮な食料を確保することが、兵士の士気高揚に何よりも重要と考えたからです。ブリキで缶詰をつくる方法は、イギリス人のピーター・デュランの特許をもとに実用化されました。1812年に世界初の缶詰工場が設立されて以降、イギリスがブリキ板の生産でも世界一を誇っていました。ちなみに、当時の缶詰に用いられたブリキ板は厚いため、「のみとハンマーで開けてください」と表記されていたそうです。

その後、製缶業はアメリカで大きく発展し、1861年の南北戦争を契機に一大産業に発展していきました。また、ブリキ板の製造でも第一次世界大戦以降は、イギリスからの輸入に頼っていたものがすべて国産化され、生産・消費ともに世界一の座に着きました。このように、世界の戦争の歴史とブリキ板の生産とは重なり合っていました。

国内では、大正6（1917）年に製缶専門会社の東洋製罐が設立されました。北海道のサケ・マス資源の輸出拡大を機に（陸海軍の要請もあり）、ブリキ板の国産化が進められ、大正12（1923）年に官営八幡製鉄所で初の国産品が出荷されました。

当時のブリキ板の圧延はすべて熱間圧延で行われていました。ブリキ板は0・3㎜程度まで薄くする必要があり、途中まで圧延した板を二重折りにしてから圧延し、再び二重折りにして4枚を一度に圧延する作業を繰り返し、最終的に1枚当たり0・3㎜程度の板厚まで薄くしていました。このような圧延方法は、昭和14（1939）年に冷間圧延機が導入されてから以降もしばらく続いたのです。

要点BOX
- 缶詰用ブリキ板の圧延は国策で進められた
- 昭和初期までは板を重ねて熱間圧延する作業を繰り返し、板厚を薄くした

ブリキの缶詰

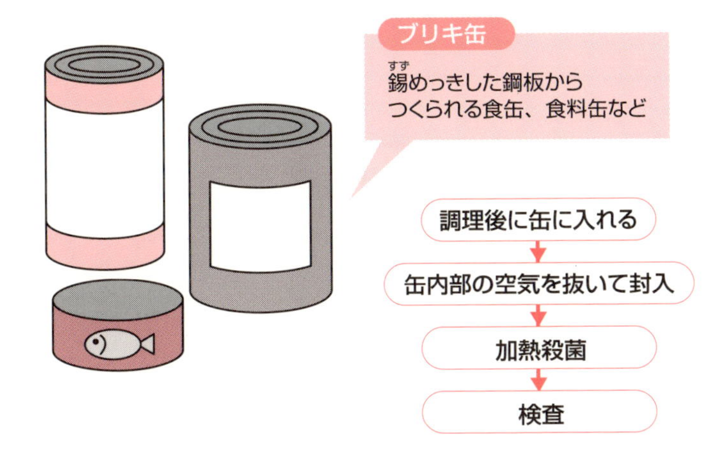

昭和初期までのブリキ圧延法

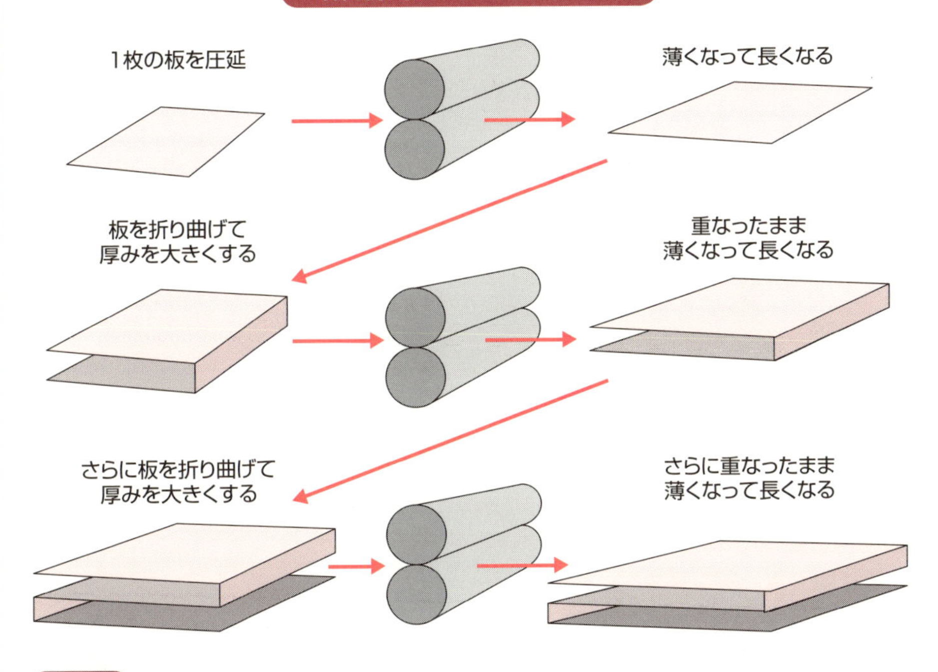

用語解説

ブリキ：(tinplate)：錫をめっきした鋼板。缶詰に用いられるほか、かつては玩具の主要な材料だった

ピーター・デュラン：缶詰の原理は、1804年にフランス人のニコラ・アペールによって考案。アペールは、ビンを用いた缶詰を開発したが、容器としてブリキを用いることを考えついたのがピーター・デュランである。

Column

ドイツから贈呈された圧延機

江戸時代、日本に黒船がやってきてから5年後の1858年、日米修好通商条約などが締結され、江戸幕府が開国へと向かう時代、1861年にはプロイセン（ドイツ）とも日普修好通商条約が成立しました。いわゆる不平等条約のひとつです。

そのときのプロイセン王国の代表として来日したオイレンブルク伯爵は当時、江戸幕府に対して数々の贈答品を送ったそうです。そのときの贈答品の中には、クルップ社の手回し式の圧延機が含まれていたとのことです。

クルップ社とは、現在のドイツ大手鉄鋼・重工メーカーであるティッセンクルップ（ThyssenKrupp）の前身で、1811年にルール地方の中心都市エッセンで鋳鉄工場として操業を開始しました。創業者であるフリードリヒ・クルップは苦労の末、若くして亡くなったものの、その息子であるアルフレート・クルップが研究を進めた結果、高品質な鋳鉄（るつぼ鋳鋼法）を製造することに成功。事業を拡大しました。その後、1833年にクルップ社では初の圧延機を開発し、それが大きな評判を生むようになったわけです。

オイレンブルク使節団は、急速な工業化を果たしたプロイセンの工業製品を輸出する相手国を開拓することを目的とした派遣であったことから、将軍への贈り物として、当時の最先端の圧延機が含まれていたとしても不思議ではありません。しかし、製鉄の工業化が始まっていない日本では、圧延機の利用価値を理解できなかったかもしれません。

ちなみに、1860年秋に来日したオイレンブルクが公館にクリスマスツリーを飾ったのが、日本におけるクリスマスツリー第1号だそうです。

第7章

圧延プロセスの革新

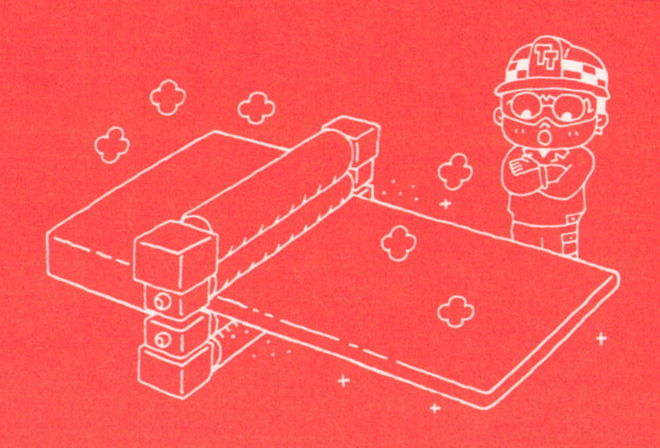

63 圧延でつくる1μmの結晶粒

超微細粒鋼の特徴

鋼の強度は、溶鋼に特定の合金元素を混ぜて、圧延時の温度と加工量を調整して向上させることが可能です。鋼の強化メカニズムを大別すると、「固溶強化」「析出強化」「組織強化」「加工硬化」などがあり、鉄鋼メーカーではこれらのメカニズムを巧みに利用することで、幅広い強度範囲を実現した鉄鋼製品を製造しています。

最終組織としてフェライト相が大半を占める製品では、フェライト結晶粒を微細化させることにより高強度化させることが可能で、その強度は結晶粒径の平方根にほぼ反比例することが知られています（ホールペッチの関係）。例えば、通常は結晶粒径10μm程度の通常の鉄鋼製品も、まったく同じ成分系で結晶粒径を1μmまで微細化できれば、強度が約3倍となります。

熱間圧延で結晶粒径を微細化させるためには、加工熱処理技術（TMCP）が適用されます。圧延時の温度域を制御し、オーステナイト相からフェライト相に変態する温度よりも少しだけ高温側で大きな加工を加えるものです。転位を蓄積させてフェライトの核生成サイトを増加させ、加工直後の急速冷却によって微細なフェライトが主体となる組織をつくり込むことができます。この温度域では、圧延で加えた圧下率が大きいほど製品の靭性が高くなるため、船舶用の鋼材や寒冷地で使用されるパイプ（溶接管）の素材などの製造に適用されます。

21世紀に入り、高価な合金元素を使わず結晶粒径が1μmのハイテン（超微細粒鋼）を加工熱処理でつくる国家プロジェクトが成功しました。ただし、微細な結晶組織として鋼板を高強度化しただけでは伸び特性が悪化します。自動車や船舶などの軽量化や厳しい使用環境への対応など、鉄鋼製品に対する高強度化ニーズは高まる一方ですが、開発では強度と伸びとのバランスを考慮することが重要です。

要点BOX
- ●鉄鋼製品はさまざまなメカニズムで強化できる
- ●TMCPを駆使した結晶粒微細化技術により、粒径1μmのフェライト組織のつくり込みが可能

ホールペッチの関係

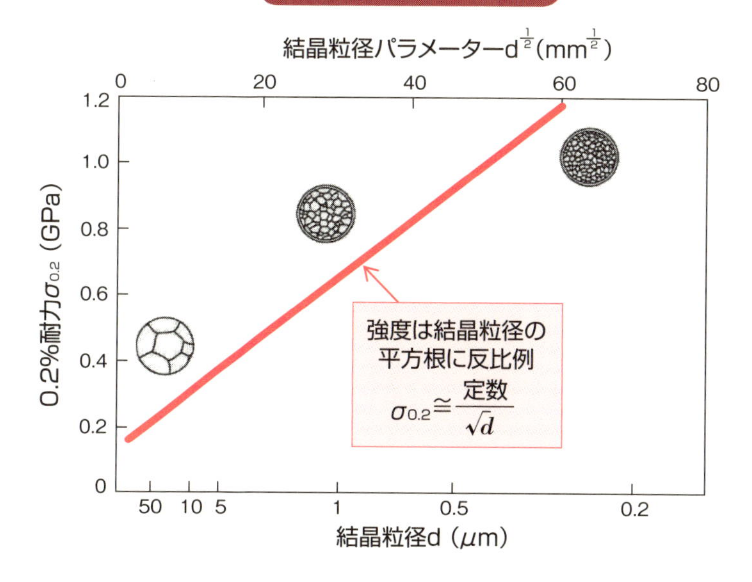

TCMPによる組織微細化

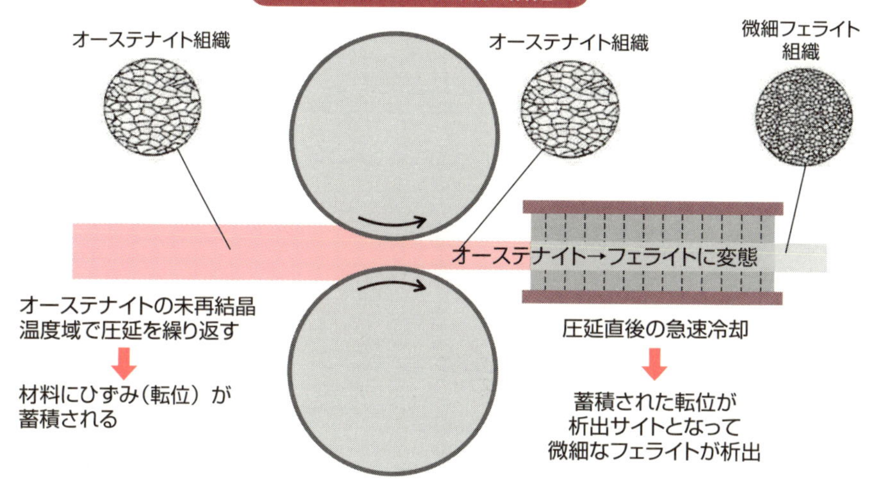

用語解説

核生成サイト：再結晶や相変態が進行する際に起点となる場所。結晶粒界や強加工によって結晶粒内に生成されたせん断帯などがある

64 ハイテン圧延のこれから

どこまでも強くたくましく

地球環境問題に対応した自動車をはじめとする構造部材の軽量化と高強度化へのニーズは、ますます増大しています。特にハイテンと呼ばれる高張力鋼板の使用が加速しており、従来は引張強さ590MPaクラスであった部材を980MPaあるいは1180MPa級に置き換える動きがあります。圧延技術もこのハイテン化に対応しなければなりません。

ところで、材料に塑性変形を与えて所望の形にする塑性加工では、加工される材料よりも硬くて強い工具を使う必要があります。圧延の板厚制御やプロフィル制御も、増加する圧延荷重によるロールや圧延機の変形をいかにコントロールするかが技術のカギを握っています。

しかし、ハイテンの圧延では加工すべき材料が極めて硬く、圧延機が材料の強さに負けてしまう状況が起こり始めています。そのため、圧延荷重が大きくなっても対応できるように、圧延機のミル縦剛性を増加させ、ロールのたわみを抑制するような、変形しにくい新たな圧延機の開発が必要になってきます。

さらに、ロールの材質にも進歩が要求されます。例えば、引張強さが1GPa（＝1000MPa）を超えるような材料を圧延すると、圧延中の加工域（ロールバイト）内の最高圧力は、フリクション・ヒルの形成によって1・5GPaにもなる場合があります。圧延ロールも鋼製材料であるため、このような高圧状態ではロールが扁平して、いくら大きな荷重をかけても板が薄くならない状態（圧延限界）になってしまいます。

また、ワークロールとバックアップロール間の接触圧力も増加するため、繰り返し負荷がかかることで疲労破壊の問題が生じます。

将来は扁平しにくいロール材の開発や、疲労強度のさらなる向上が求められてくるでしょう。加工される材料の高強度化は、加工側のロールや圧延機がより強くたくましくなることを求めています。

要点BOX
- ●部材軽量化のニーズはますます高まる
- ●より薄く、より強い材料を圧延することが求められる

圧延限界

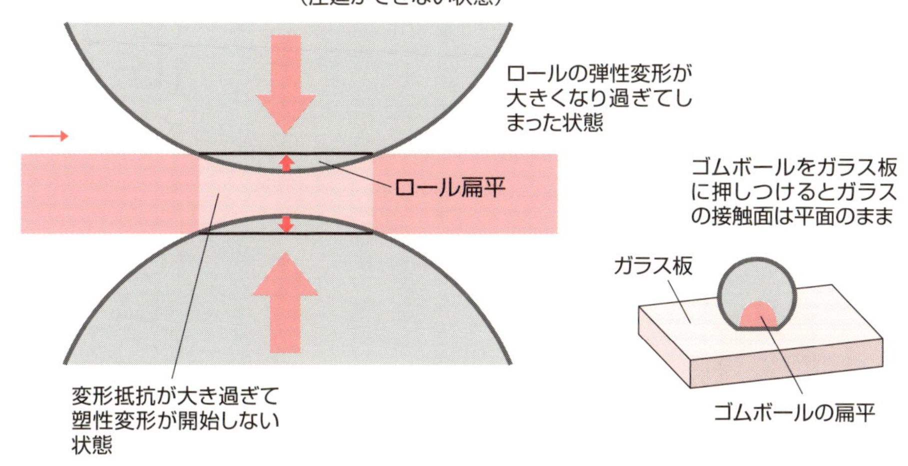

ロールより強い材料の圧延?

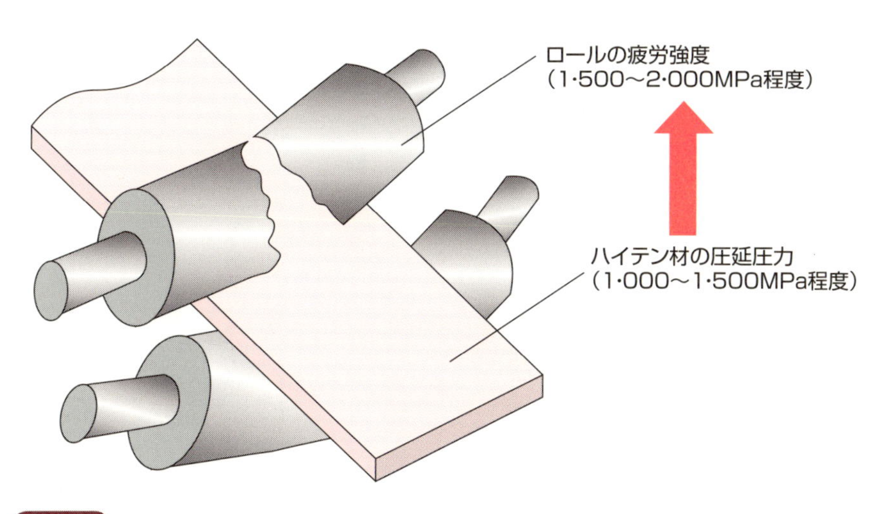

用語解説

高強度化：自動車などに使用されるハイテンは、引張強さが1·500MPa程度のものが使われるようになった。しかし、鉄鋼材料の中には4・000MPaもの強度を持つ細線もある。現在の圧延技術ではロール強度などの面で加工が困難だが、次なるチャレンジ目標と言える

圧延限界：圧延によって材料を薄くできる限界のこと。圧延ロールの弾性変形が大きくなると、それ以上圧延が進行しなくなる。ロールの直径や材料の硬さ、ロールと材料との摩擦力の大きさなどが影響を与える

65 極薄圧延の進化はどこへ

新しい技術開発で高速化が進む

冷間圧延の高速化は、国内にタンデム圧延機が導入されて以降、駆動系の高性能化や自動化の進展とともに発展してきました。現在では、6スタンドのブリキ系タンデムミルで板厚0・15㎜程度の極薄材を最高速度2800m／分(時速170㎞)で圧延し、その中で、ミクロン単位の精度を確保しながら板厚を制御しています。

このような超高速圧延技術の開発に当たっては、非常に高い負荷を受けながらも高速で回転する軸受の開発が重要な技術となっています。また、超高速圧延での冷却や、潤滑技術が操業を安定化させる上で極めて重要な要素技術です。

では、冷間圧延の高速化はどこまで進展するでしょうか。飲料缶などの容器材料も、より板厚が薄くて高強度な材料が求められています。容器用鋼板の板厚を0・20㎜から0・15㎜まで薄くしようとすると、25％の板厚低下ですので、単位時間当たりの生産量として同等のレベルを維持しようとするのならば、圧延速度を2800m／分から3500m／分に上げなければなりません。

このような要求に対応するには、さらなる高速化を実現するための高性能軸受の実現や、冷却や潤滑技術の開発がこれまで以上に重要になってきます。また、時速210㎞(3500m／分)というと、飛行機のパイロットが離陸時に操縦桿を引き始める速度ですから、高速で搬送される鋼板が浮き上がらないようにしたり、ロールに巻きつけるときの遠心力に負けないように鋼板を拘束したりする必要もあり、安定した搬送やより高速な制御システムの構築が求められるでしょう。

現在の圧延技術は乗用車の速度レベルですが、これを新幹線、さらにはリニアモーターカーのレベルに引き上げる圧延技術の開発が次世代の挑戦目標になってくるはずです。

要点BOX

- 世界最高速の圧延は時速170km
- さらなる高速化には軸受、潤滑、冷却などの技術の進歩が求められる

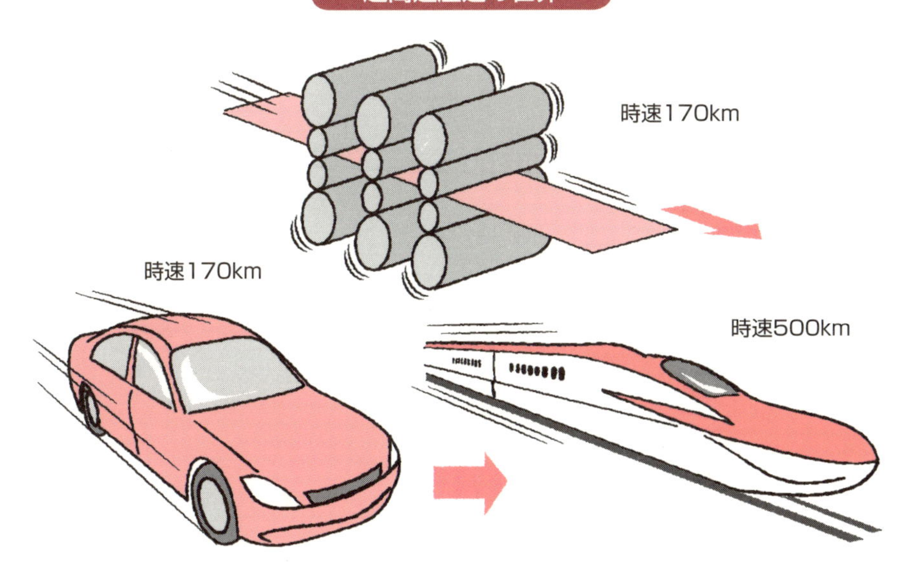

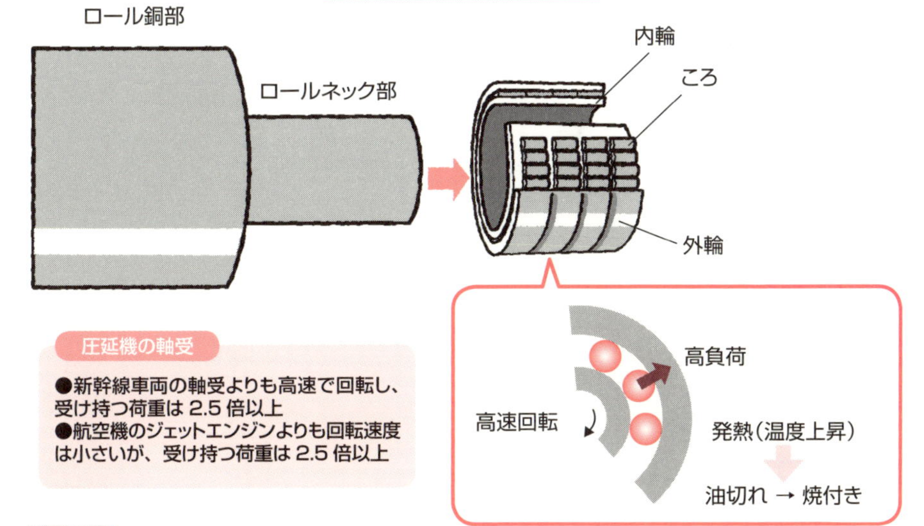

圧延機の軸受

●新幹線車両の軸受よりも高速で回転し、受け持つ荷重は 2.5 倍以上
●航空機のジェットエンジンよりも回転速度は小さいが、受け持つ荷重は 2.5 倍以上

用語解説

高速圧延：タンデム圧延では後段スタンドほど材料速度が速くなるが、一般には最後の速度で比較する。6スタンドミルの最高速度は2・800m/分、5スタンドの場合で2・100m/分が世界最高クラスの速度である

高性能軸受：軸受の高速回転を阻害するのは熱の発生である。圧延機の軸受のように高荷重を支える軸受では、特に発熱による焼付きが高速化を阻害する。圧延機の軸受は温度上昇を抑制する工夫がなされているが、さらに高負荷・高速回転に耐えられる軸受の開発が求められる

66 誘導加熱が未来を拓く

鉄に誘導加熱をうまく使えば圧延がスムーズに

ＩＨクッキングヒーターは鉄製のフライパンを熱くすることができます。同じように、圧延中の鋼板もＩＨで加熱できるのです。

熱して軟らかくなった鉄を圧延する熱間圧延では、強度が高い鋼ほど圧延機にかかる負担が増します。最近、生産が増えている高張力鋼板の圧延では、一般の鋼と比べて大きな圧延荷重がかかります。圧延機の持つパワーをフルに使ってもそろそろ限界という状況になってきました。

そこで圧延する前に、誘導加熱（Induction Heater：ＩＨ）により温度を上げることで鋼板を軟らかい状態にして、圧延することが考えられるようになったのです。

鉄を温めるのは大変なことで、バーナーで炙るのでは何十分もかかってしまい、鋼板を次々と圧延するのに間に合いません。しかし、誘導加熱なら電流をたくさん流せば急速に加熱できます。コンロでお湯を沸かすよりもＩＨクッキングヒーターでお湯を沸かす方が早い、ということと同じです。

ＩＨクッキングヒーターも製鉄所の誘導加熱装置も周波数の高い電磁波を利用しているのですが、ＩＨの周波数は50Hzから１００kHzくらいの範囲です。ちなみに、電子レンジは２・４５GHzでマイクロ波と呼ばれる電磁波を使用しています。その間の周波数帯域はラジオやテレビが使っています。

熱間圧延中の加熱にＩＨを使う例として、鋼板の端部が冷えすぎた場合に加熱して温度を確保する数千kW級のエッジヒーターがあります。これは以前から使われていましたが、今では板幅全体を加熱する数万kW級のバーヒーターという大規模ＩＨが普及してきています。また、冷間圧延されて硬くなった薄板を高温で加熱して軟らかくする連続焼鈍炉（ＣＡＬ）や加熱炉にもＩＨが設置され、鋼板温度の調節に利用されています。

●熱間圧延では材料温度を適正に制御するために誘導加熱が適用される
●大きな鋼材全体もIHで急速に加熱できる

熱間圧延での誘導加熱

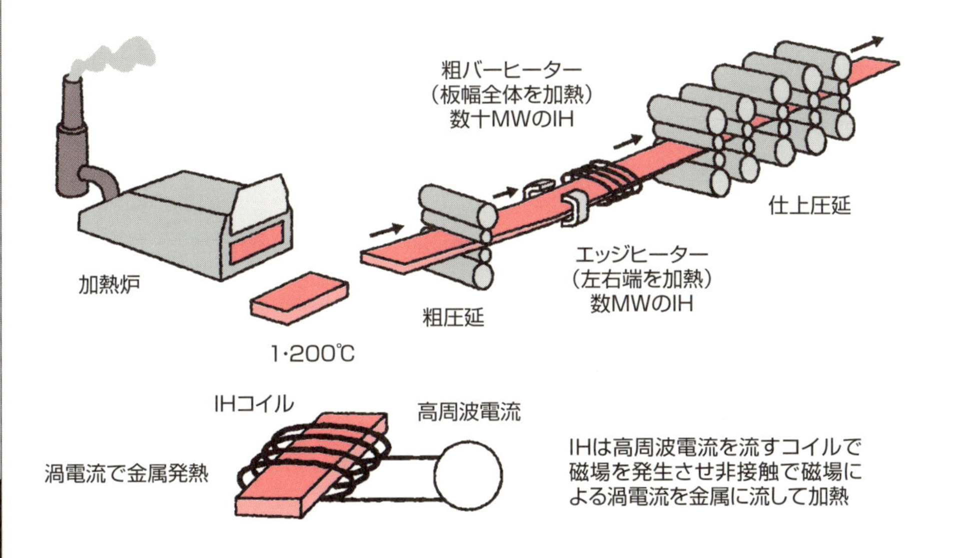

連続焼鈍炉（CAL）のIH

丸棒用加熱炉のIH

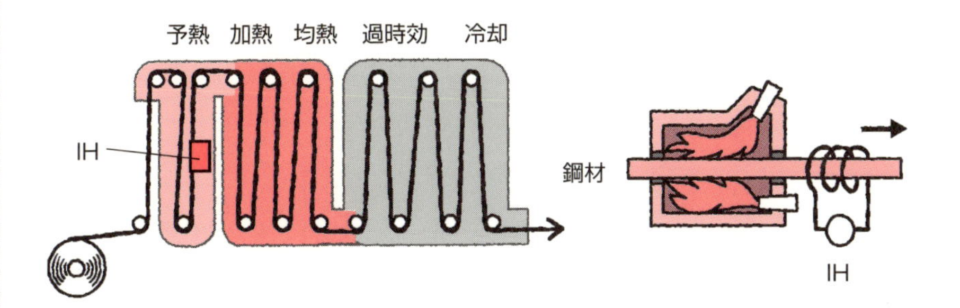

用語解説

誘導加熱：金属に強くなったり弱くなったりする磁場（交流磁場）をかけると、電気が流れる（発電機で電気を取り出すのと原理は同じ）。流れる電気が熱に変わるのを利用するのが誘導加熱

マイクロ波加熱：電子レンジは2.45GHzの電磁波（電波）を使って加熱している。食べ物に含まれる水の分子が電磁波を吸収して振動したり回転したりして温度が上がる

67 鋳造と圧延をつなげる

溶けた鋼から薄板を直接製造

熱間圧延ラインでは、連続鋳造機により製造した厚み200～300㎜のスラブを加熱炉で1200℃程度に加熱した後、10回以上の圧延を行って熱延鋼板を製造しています。この際、スラブの再加熱や圧延仕事に莫大なエネルギーが消費されており、これを低減させることが従来からの大きな課題として残されています。

特にスラブの加熱に費やすエネルギーが大半を占めます。このため、連続鋳造機から熱間圧延ラインまでの距離を短くし、スラブの温度低下を抑制して再加熱に要するエネルギーを低減する直送圧延も実施されています。

この課題に対する抜本的な解決策として、溶鋼から直接薄板を製造するストリップキャスティングという技術が開発されています。この技術では、溶鋼を低速回転する大径のロール間に直接注ぎ込み、ロールで冷却しながら凝固させて（双ロール鋳造）、薄板を製造することが可能です。鋳込まれた鋼板の板厚方向の組織は、連続鋳造スラブの表層部とほぼ同じです。また、凝固後の鋼板表面はキャスティングロール肌が転写されて平滑でないため、キャスティング直後に表面性状を整えるとともに、製品厚を調整するための圧延を行う必要があります。

ストリップキャスティングでは、従来プロセスと比較すると設備が格段にコンパクトであり、建設費も安くて済みます。ストリップキャスティングの基本アイデアは、1857年にヘンリー・ベッセマーによって提案されていました。

ただし、現状では鋳造の高速化に限界があるため、生産性が通常の熱間圧延ラインの1／10程度しかなく、商業生産用に稼働しているストリップキャスターは世界でもわずかにとどまっています。しかし、将来、難加工材が容易に製造できるようになれば、世界中で普及していくものと考えられます。

要点BOX
- ●ストリップキャスティングは設備がコンパクトで省エネルギーに優れる
- ●現状では鋳造速度がネックで生産性は低い

双ロール鋳造とスラブ鋳造の違い

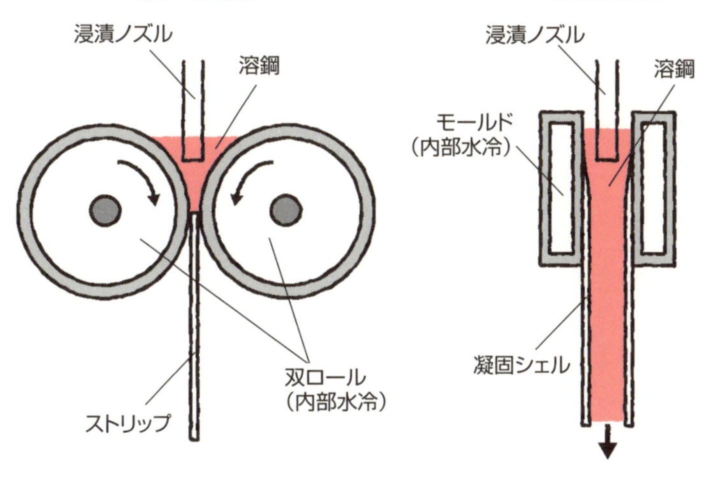

ストリップキャスター

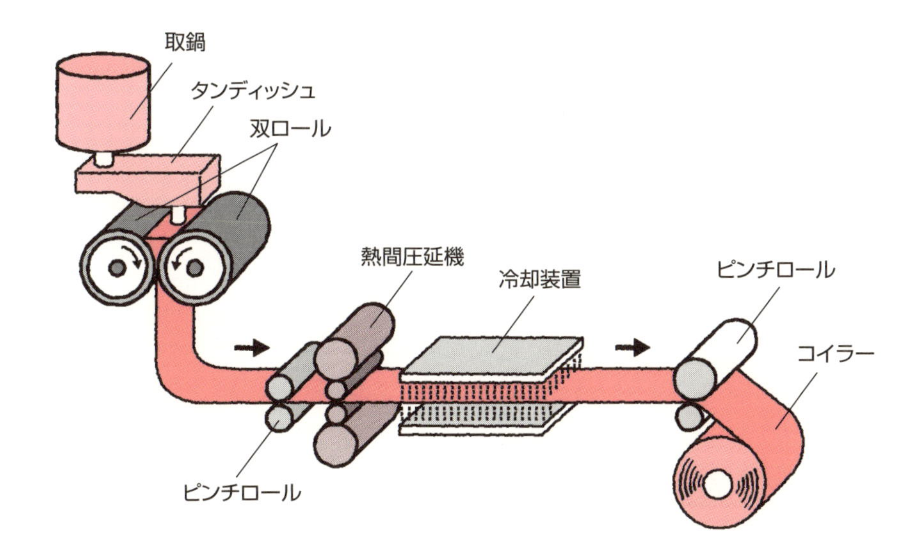

用語解説

生産性：単位時間内に製造される鉄鋼重量。通常、鉄鋼製造ラインではt／hの単位にて生産性を管理している

Column

圧延の機械遺産をめぐる

世界文化遺産として、幕末から明治時代にかけて日本の近代化に貢献した産業遺産群が登録されました。その中には官営八幡製鐵所の関連施設も含まれており、製鉄技術の歴史を知ることができます。しかし、明治から大正時代に活躍した圧延機の痕跡を目にする機会は限られています。

歴史的に意義のある圧延機の遺産としては、中部鋼鈑株式会社の本社前に、厚板圧延機の減速機に使われた大歯車が展示されています。この圧延機は、1905年に官営八幡製鐵所に設置され、1958年に休止するまで稼動しその後、中部鋼鈑株式会社に移設されてからも25年間稼動し続けたそうです。圧延機の場合、産業遺産といってもまだまだ現役で働き続けているものもありそうです。

また川崎市の産業遺産として、JFEスチール株式会社東日本製鉄所の構内に、1916年に設置された丸鋼や平鋼などを製造する中型圧延機と、1934年に設置された継目無鋼管用のビルガー圧延機が展示されています

一方、イギリスでは、バーミンガムの北西約30kmにコール・ブルック・デールという産業革命の発祥の地とも呼ばれる小さな村があります。ここにあるアイアンブリッジ峡谷は世界遺産に登録され、世界初のアーチ型の鉄橋「アイアンブリッジ」でも有名です。周辺には鉄の博物館（Museum of Iron）をはじめとして、いくつかの博物館が点在しています。

その中で、ビクトリアタウン（Blists Hill Victorian Town）というビクトリア時代（1837―1901年）の建物を移築した野外施設があります。トレヴィシクの機関車をはじめとする産業の歴史や街並、生活の様子などが再現されています。ここには当時世界最大だった製鉄所の跡地がそのまま残されています。蒸気で動く初期の圧延機も展示されていて、今でも実際に動くそうです。圧延の様子はインターネットの動画サイトにもアップされていますので、興味があればご覧ください。

マ

ヤ

ラ

索引

英数

ア

カ

今日からモノ知りシリーズ
トコトンやさしい
圧延の本

NDC 566.4

2015年11月30日　初版1刷発行

監　　修　曽谷保博
©編著者　JFEスチール圧延技術研究会
発 行 者　井水 治博
発 行 所　日刊工業新聞社
東京都中央区日本橋小網町14-1
(郵便番号103-8548)
電話　書籍編集部　03(5644)7490
販売・管理部　03(5644)7410
FAX　03(5644)7400
振替口座　00190-2-186076
URL　http://pub.nikkan.co.jp/
e-mail　info@media.nikkan.co.jp
印刷・製本　新日本印刷

●DESIGN STAFF
AD――――――― 志岐滋行
表紙イラスト―――― 黒崎　玄
本文イラスト―――― 輪島正裕
ブック・デザイン ―― 奥田陽子
(志岐デザイン事務所)

●
落丁・乱丁本はお取り替えいたします。
2015 Printed in Japan
ISBN　978-4-526-07481-3 C3034

●監修者略歴
曽谷 保博(そだに・やすひろ)

JFEスチール株式会社　専務執行役員スチール研究所長
工学博士
(一社)日本鉄鋼協会代議員、(一社)日本塑性加工学会フェロー、(一財)金属系材料研究センター評議員

1958年　広島県出身
1982年　東京工業大学大学院理工学研究科機械物理工学専攻修士課程を修了。日本鋼管株式会社に入社後、圧延加工プロセスの研究開発に従事
1989年　米国ペンシルベニア大学留学
2006年　JFEスチール株式会社　スチール研究所研究企画部長。2011年常務執行役員を経て、
2015年より現職